就这样开家浪漫花植店

黎媛 著

中国林业出版社

一个与自己对话的空间

我现在花店的院子外侧，长着一棵尤加利树，树干粗壮，而整个树冠呈现出圆润的半弧形，树叶是泛着粉色的。

每一个来院子里的客人都会对它发出惊叹“这棵树好漂亮啊！”于是，这树就长得愈发精神。

可每一个夸它的人都不曾知道，这棵树在园区建设的时候曾被大型机械不小心拦腰撞断，而它那圆圆润润的半弧形树冠正是因为所有枝叶全部是重新发芽才长成了这样的形态。

但它也不需要人们知道它的过往，因为现在已经又重新长成了参天大树的模样。

2017年辞职的时候我28岁，虽然当时有不错的工作、社会地位和收入，但特别害怕自己被困在同一种周而复始的生活中无法抽身。想想人生在世就这么几十年，有没有可能换一种生活方式呢？

我当时想好了走出这一步之后最坏的打算，无非是创业失败，亏掉本钱，然后找份工作重新来过。我觉得凭借自己的能力，在任何一个岗位

上应该都可以养活自己，所以也就大胆尝试了。

开店至今不到4年的时间，我们从一个70㎡的街边小店，到现在的600㎡花园式花店和300㎡专业培训教室，从一个人的创业梦想到10个人的专业团队，仅花店板块做到了年营业额500多万元。在这本书里详细地记录了我的整个创业过程，从最初的种子萌芽，到一步步落地实现，并且到今天完全步入正轨。我把自己走过的路，踩过的坑通通写出来，也希望给大家一些借鉴和参考，对于想要选择花店创业的朋友应该会有很大帮助。

如今站在2021年的档口回头望去，这4年的创业生活带给我诸多收获和感悟，我要感谢当年那个敢闯敢干的28岁的自己，让我看过了更多样的人生风景。

最后，想感谢我的先生陈阳，在我选择创业的时候，他也辞去了工作和我一同上路，这4年辛苦的创业过程里他一直陪在我身边，给了我最强大的心理依靠。

也要感谢我的爸爸妈妈和公公婆婆，我们选择了在还年轻的时候走了一条并不那么轻松的路，几乎没有时间陪伴家人，而你们也选择了毫无怨言地全力支持我们。

更要感谢在这一路上遇到的每一个给予我关心、支持、帮助和爱的人，是你们让我更加热爱这个世界。

忘记是在哪本书里看到过这样一段话，“人活着，需要找到一条与大世界相通的路径，也需要被路径里诞生的各种故事支撑。如果我们都闭上眼睛，捂住耳朵，屏住呼吸，使全身僵硬，不去触摸世界，那故事就无法开始。”

人生本就是一场旅行，当我注视满院子静默生长的植物时，能感受到生命的力量。

我想我自己也能够像花朵和植物一样，拥有向上向阳的力量，并用这力量能让更多的人感受到生活的炙热。

2021年至今后，努力生活，好好爱。

黎嫒

2021 年 7 月

目录

一个与自己对话的空间

壹

在媒体工作 7 年，
我决定辞职开一家花店

贰

小小的
梦想落地

叁

赢在内容的
突围之路

肆

我的
营销日记

伍

提升内核
——不断修炼的花艺技术

陆

新的开始
——在城市中拥有了
一个小花园

柒

回归理性的
花店经营

捌

用作品讲故事，
做有温度的设计

玖

一个与
自己对话的空间

附录

The Hours 时时刻刻

在花草中寻找与自己对话的空间

我们寻找的生活，她应该有光，

温暖地穿透一切；

她应该有笑声，也应该有泪水；

值得我们为她哭，也值得我们为她笑

壹

在媒体工作 7 年
我决定　辞职
开　一家花店

萌芽时代

每个女孩都有一个开花店的梦想，我也不例外。

2017年3月之前，我是别人眼中典型的“工作狂”。

彼时，我供职于昆明一家报业集团，任新媒体视频中心主任。

每天7点起床，8点半开始工作，晚上10点左右下班，如果遇到拍摄和特殊工作任务，晚上3点睡觉和早上4点起床也是常事。大部分周末用来加班和值班，如果不用加班，则用来做上周的工作总结和下一周的工作计划。

周而复始。

不可思议的是我异常享受这种飞奔到停不下来的感觉，觉得充实、满足而有价值。

“王记者”“王老师”“王主任”这些称呼和头衔让我乐此不疲。

那是什么时候开始，有了想要开一间花店的想法呢？

或许是在一个又一个无休止的选题中，或许是一年比一年翻倍的经营压力下，或许是回北方老家参加了奶奶的葬礼之后，又或许小时候就在妈妈的花店里长大埋下了种子。

记忆里清晰的时间点是2016年的8月初，我正在忙着一个项目的全媒体网络宣传，没有休息日，没有每天8小时睡眠，没有时间好好吃饭，终于如愿以偿地病倒了，还反而获得了一个难得的休息。

那是一个周日的午后，我睡了一个冗长而多梦的午觉。当时正值雨季，躺下去的时候，天气阴阴沉沉的，一觉醒来，正好看到一缕阳光透过云层洒在床边一本书的封面上。

就是我当时正在看的，迈克尔·坎宁安《The Hours时时刻刻》——这也成为了我后来的品牌名称。

那年我28岁，做了一个决定：放弃了上升期的事业、不错的收入、多年的人脉和资源、受人尊敬的职业和社会地位，去做一个自己并不确定是否能成功的事情。

在这里我还要特别感谢我当时的领导，张总——张稼文。

我第一次跟他提出辞职的时候是2016年的8月中旬，我如实说明了我的打算：开一家花店。他并没有第一时间答应我的辞职请求，而是告诉我说，黎媛，创业并不是你想象的那么简单，你的能力、才华在媒体这个领域能有更好的展现。为了防止你是临时起意的一时冲动，我先不批准你的辞职，给你放一个月的长假。在这一个月的时间里，你可以去学习、考察、了解这个行业，如果回来之后你还是一样的想法，那个时候再说。

回头想想，7年的记者生涯，策划选题、外出拍摄、新闻现场，昆明的很多大事情我都有参与报道，记者这个职业让我有机会见证、记录着这个城市的变化和发展，更加教会了我独立思考的能力，努力拼搏的精神，以及最最宝贵的内心的信仰，这些对于我之后的创业之路有着很大的帮助。

每个女孩都有一个开花店的梦想，我也不例外。

做下决定的一个月

听从张总的建议，在那一个月的时间里，我先是冷静地分析所处的市场大环境：本地现在已有的花店有多少？哪几家是做得比较厉害的？他们分别的特点和竞争优势是什么？本地人对于花店的认知是怎样的？普通受众（如果是我）愿意花费多少在鲜花这一非必要消费上？消费场景会有哪些？

问完了自己这一系列问题之后，虽然对于行业的产业链以及盈利方式还是一无所知，但至少让我坚定了一点：在当前的昆明市场中，还没有任何一家花店处于行业霸主的地位，而作为鲜花之都、春城、花城的昆明，“鲜花”本应成为城市标签与名片，但也并没有一家有绝对地域特色的花店能够吸引全国的目光。

明白了这两点，我就把自己未来的花店定位为“城市名片”和“城市客厅”。

本地“探店”可以慢慢完成，但我的假期有限，必须利用这个难得的时间走出去。随后，我除了跟随日本的树所谦老师学习了基础的花艺设计系统体系之外，陆续安排了北京、上海、深圳、杭州、成都等城市的行程，准备去这些国内一线城市逛花店。

之所以选择以上几个城市，是因为它们不仅是我国经济、政治、文化的核心，更是全国有思想年轻人聚集的地方，许多的新思维、新想法都会在这里落地生根，去这些地方逛逛对认知的提升一定大有帮助。

到一个地方之前，我会先提前规划好行程路线，通过向当地朋友打听、微博搜索和查看微信公众号推文推荐等方式，罗列出当地所有值得一看的花店，并且以每个城市呆2~3天，每天平均看8~10家花店的速度，疯狂的“扫街”“扫店”。

看什么呢？

一看陈列

到一家店，我会先看店面的整体布局和细节陈列。店面的整个外观是什么样子的，店招店牌的设计是什么样子的，有没有特别的招牌颜色，鲜花陈列区在什么位置，是否有单独的操作区，和鲜花摆放区域呈现怎样的布局关系，用什么容器盛放鲜花，是否有独立的成品陈列区，通过什么方式吸引顾客的目光完成购买行为。

二看商品

整个店铺的商品分为哪些大的类别，鲜花和周边产品的占比分别为多少，整个产品线条的定价区间是什么。什么样的鲜花类成品会直接摆放在销售区域（因为鲜花成品属易耗类，能够摆放出来证明畅销），除了鲜花，什么类型的产品会被摆放在货架的视觉焦点位置。

三看服务

去到比较好的店铺，我一定会精心挑选购买一件商品，听听店员如何为我介绍并让我购买。从店员介绍产品、指引付款，到打包商品、送客出门等各个环节中，来观察服务的细节。

四看营业额

在有条件的情况下，我一般会在店内呆至少1个小时的时间，看在这段时间内，有多少顾客会进店，如果是网上订单为主的商家，也可以观察有没有网上购买的订单，从而可以一定程度上反映出一个店面当天的营业额情况。

纵观下来，所有优秀的花店基本都满足如下特点：

（1）店面外观特色鲜明，有记忆点和辨识度；

（2）店内陈列整齐，分区明确，卫生干净；

（3）花桶内的水干净清洁，花茎呈螺旋状放入花桶中；

（4）店名及VI设计有明显的个性特征，能够代表一个品牌的性格；

（5）商品线条清晰、多元，除了鲜花还有其他多个赢利点；

（6）人员规范，服务指引到位，态度热情温暖；

（7）在细节处彰显品质：如logo贴纸的设计、手提纸袋的材质、店员的固定接待话术等。

虽然看起来都是不起眼或是无关紧要的小事，但细想下来的确是“细节决定成败”，越是优秀的品牌，细节处越能做到打动人心。在这一圈的走访过程中，我还有幸结识了不少店主，愉快的聊天中，几乎每个人都说起这个行业的辛苦和不易，让我做好心理准备。

走完这么一大圈下来，我认真且冷静的自问：我是否真的喜欢这个行业并且愿意为之付出全力？如果要创业开店，能够比他们做得更好吗？他们说的辛苦我愿意承受吗？答案都是肯定的，于是决定正式向领导提交了辞职申请。

所以你看，在我都没有最终决定要不要开店的时候，就已经做了这么多功课，创业真的不是一拍脑子就能成功的。后来很多人向我取经，问我创业最重要的是什么，我回答最多的是，多观察、多思考、多动脑，保持独立的思维能力，切莫跟风。

关于命名

既然决定了要开店，那首先就是要确定名称。

我第一个想法是，坚决不要“XX花”或者“花XX”句式的名字，不是不好，而是我能想到的比较好的这类句式名称，都已经有人在用了，而且辨识度不够，不太容易脱颖而出。

前文中我提到过迈克尔·坎宁安的书籍《The Hours时时刻刻》，非常打动我，之后又找到获得了当年奥斯卡最佳影片奖的同名改编电影，看了很多遍，最终决定将我的花店品牌名称就定为“The Hours时时刻刻”。

书里讲了三个女人的故事，主人公之一就是我很喜欢的作家：弗吉尼亚·伍尔夫，20世纪20年代伦敦的天才作家；另外两位分别是布朗太太，“二战”后住在加利福尼亚州的家庭主妇；以及克拉丽莎，20世纪90年代纽约的出版编辑。

《The Hours时时刻刻》用弗吉尼亚·伍尔夫的代表作品《达洛维夫人》这一关联性将三个不同年代，不同家庭的女人放在同一时间维度里，用平行叙述的方式，一章讲述一个女人，错落有致，充满韵律美。

伍尔夫给丈夫留下一封遗书：“我确信自己又要精神失常了：我感到我们无法再一次经受这样可怕的时刻……”离开家后，她在厚重的大衣口袋里装满了石头，走向了河心。她的尸体随着水流而下，最终被一座桥的桥桩挡住，她背对着河，脸贴着石头，然后一对母子从桥上经过。

劳拉·布朗刚刚给丈夫买好了生日礼物，并和三岁的儿子一起烤了生日蛋糕，她的腹内还孕育着另一条小生命。趁着丈夫还没有回来之前，她将儿子托给邻居照顾，一个人驾车出去，带着忐忑不安在旅馆租了一间单人房，然后躺在床上阅读《达洛维夫人》，想着原来死亡是如此容易，就像在旅馆订上一间单人房。

克拉丽莎为罹患了艾滋病的前男友——诗人托马斯举办了一场晚会，庆祝他拿到一项重要的诗歌大奖，当晚却目睹了托马斯跳楼自杀，然后看着他的尸体不知如何处置。

是的，我们时常会感到生活的窒息感，似乎无力还击，我们深知这与金钱、地位、名誉都没有关系。

其实，困住我们的是自己。

就像弗吉尼亚·伍尔夫说的，每一个女人都应该拥有买花的自由，独立思考的自由，以及看书做梦的自由，一个人能使自己成为自己，比什么都重要。

每个人都需要一个与自己对话的空间，而花草无疑是最好的媒介，“The Hours时时刻刻”花房的存在意义便是如此。

名字，也由此而来。

我的初级商业计划书

因为还想在花店中融入咖啡馆和下午茶的功能，所以在工作交接的那段日子，我除了继续认真完成本职工作，一有休息的时间，我就去本地的一家生意最好的咖啡馆去坐着，观察客流，并在咖啡馆完成了我的初级商业计划书。

这个最初版本的计划书一共65页，也给很多学员展示过，因为我自认为是非常有代表意义的，在这里也部分给大家展示一下。

而且我还做了非常详细的全年营销计划表，甚至精确到每一天需要做什么。

其实这个时候，我的店连影子都还没有呢，就想到了1年后甚至是3年后的规划，让我不至于像无头苍蝇一样只管眼前。

虽然当我真正开始开店的时候发现，之前写的那么详细的商业计划书，有一些是明显不切实际的胡扯，但正是因为之前有了那个思考过程才让我明白了，一个就算是做了详尽市场调查的外行人，其想法大多都是不切实际，更不用说那些什么准备都没做，凭着一腔热血就扎进来的小伙伴们了。

之后，也让我能够更加理性地面对开店过程中出现的一个个问题。

而现在作为已经开店3年多的花店人，想给这本书的读者朋友们重新梳理一下，开店前期我们到底都需要做哪些市场调查。

1. 宏观环境分析

当下宏观经济形势如何，区域发展和政策情况等。

2. 业界分析

“开家花店”这个事情也有很多种形式的，我们需要全盘了解，再做自身定位。

（1）以个人或团队方式与婚庆公司、公关、广告公司合作的花艺设计、布置团队

重点承接婚礼、宝宝宴、派对、各种店庆、开业活动。

办公场地多为写字楼或居家，具有丰富的现场执行经验，联合本地资源从而降低运营成本，但是有一定的淡旺季限制。

（2）线上接单类型的花艺工作室

充分利用美团、京东、玫瑰之约、寻梦、花娃等各种线上销售、转单平台，在居民区、办公空间开设工作室。

运营成本不高、转单利润偏低，节日是重要销售节点。

（3）开在鲜花批发市场、传统婚庆鲜花一条街、学校、医院的传统花店

虽然部分市场份额被新兴花店瓜分，但所具备的区位性决定了此类花店更容易抓住有效客户，且容易形成客户沉淀，销售的品类不会过于复杂。

（4）社区型花店

选择相对居民较多的成熟社区，重点关注周围住户的鲜花、绿植需求，宣传成本不高，要注重服务和客户体验。

（5）在人流密集的商业广场、地铁、步行街开设鲜花店或售卖点

重点面向年轻人及有一定消费能力的中年客户群体，店面整体风格和产品状态都会比较年轻化、时尚化。

产品利润率会相对提高，但应用成本同样不低，特别是商场店、地铁站存在的开店时长问题。

（6）文创园区等特殊位置开设的风格独立型花店或花艺工作室

充分利用线上宣传手段，通过店面的风格、有趣的活动吸引有效客户。

运营压力相对较低，可以开展的业务也更多，对店主及团队的素质要求更高。

（7）鲜花超市

重点销售散花、小盆栽等半成品型产品，薄利多销，在人流量较大的区域有一定优势。

3. 本地同行业相关情况分析

（1）行业发展动向

（2）业务线条

（3）平均客单价

（4）单日平均流量

4. 区域定点分析

（1）设定商圈并推测该商圈的购买力

（2）人口规模及特征：人口总量和密度；常住和流动人口；年龄分布；收入情况；职业分布；人口变化趋势

（3）整体商业客单价

（4）自己店铺在该商圈中的市场份额

当年计划书

《The Hours时时刻刻》

店名源自**迈克尔·坎宁安**的同名小说，讲述了三 个不同时代，不同地点女人一天的故事。

我们常常会感到孤独、失落；我们深知，其实
这与我们的金钱、地位、幸福与否都没有关系。 因住我们的是自己。 每个人都需要与自己对话的空间，而花草无疑是最好的媒介。

在这个空间里，我们关注四级的变换，回归生活的本真。

就像一面镜子，看着你，照见我们自己。

世界上只有一种英雄主义，那就是在认识 生活的真相后依然热爱生活。

——罗曼·罗兰《米开朗基罗》

建一座花房，收集海拔1900米的阳光

昆明，一座海拔近1900米的高原城邦，素有“春城” “花城”之美誉，蓝天白云是她的标签，花开四季是她的符号。

但纵览昆明市场，缺少有城市标签和代表元素的店铺。我们希望以鲜花为切入点，打造一个文化空间，成为昆明的城市客厅及旅游新地标。

建一座花房，收集海拔1900米的阳光，然后带给全国各地的爱花人最温暖的问候。

The Hours 时时刻刻的产品分类

1、鲜花宅配·每周一花

以前，花是礼物； 现在，花是日子。

每周一花，直送至办公室或者家中 52束应季的鲜花，换来52个未知的期待 让你的爱变成陪伴，再变成习惯。

2、珍奇植物售卖

寻找珍奇植物和器皿，让绿植以一种艺术的方式温柔入驻现代都市生活。

3、设计衍生品\周边产品

用花草向自然致敬；以美物向生活献礼。

邀请设计师、插画师设计一系列花草 周边产品：笔记本、手账、挂饰、植 物标本、日历、明信片、手机壳、书 签、首饰、台灯、草木染……

在材质方面，云南丽江的东巴纸、大 理的扎染、藏族的传统刺绣等，都可以作为原料，既体现云南特色，同时 又是对云南传统手工艺的推广。

产品分类

4、店饮店食

用花草打造一场味蕾盛宴：这是一个花店，更是一个可以让你身心放松的休闲之地。

（1）鲜花甜点

将当季的可食用花材融入甜点烘焙当中，调配出舌尖上的花花世界。

而在甜点呈现于顾客面前时，摆盘也十分考究，将鲜花布于甜点周围，仿佛置身于花海。

（2）鲜花有机饮品

鲜花的形式不止一种，融入有机果蔬汁中，将呈现出另一种至美的感官享受。

（3）花草茶

跟随24节气的变换，摘取最适合当下品饮的花 草，自然烘干，再搭配专属茶席， 在唇齿间感受节的更迭，更有益于身体健康。

（4）鲜花鸡尾酒

夏日的夜晚，一杯冰爽的鸡尾酒是生 活最好的调剂。如果鸡尾酒能够巧妙地和 盛开的花朵结合在一起，不仅创意出众， 颜色也十分亮丽。

哦，对了，给她搭配的冰块也不要忘记是花瓣哦！

The Hours 时时刻刻的无限种可能性

花店·旅友交流平台

昆明凭借着得天独厚的自然条件，吸引着来自全国各地的游客朋友们。

而花店也可以打造成一个旅友交流平台，你来这里，如果刚好我也在这里，那不如相约 一起去旅行吧……

The Hours 时时刻刻的无限种可能性

花店·旧物发现

我们是一个花店， 更是有机生活的倡导者。

你一定有收藏许久的旧物吧？

交换旧时光，结交新朋友。

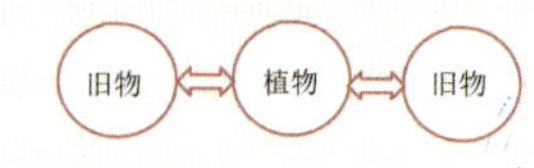

以旧物换取植物盆栽， 等待新主人。

用户群体分析：

(3) 节日花礼

随着生活水平的提升，日常花
礼也逐渐增多，除了生日用花、开业 用花之外，各个节庆假日花礼也逐渐 成为了习惯：春节、情人节、父亲 节、母亲节、七夕、中秋节、教师 节、重阳节……

一束鲜花可以表达感恩，代表爱慕，诉说情谊。

(4) 游客

据统计，2015年昆明接待游客数量近7000万人次，旅游收入为733亿元。

到达旅游地，游客多会计划购买具有当地特色的旅游纪念品，鲜花设 计衍生品恰好吻合“七彩云南”和昆 明“花城”的定位，很好的抓住了这 部分人群的需求。

原创暖心爱情漫画：

由专职漫画师绘制一系列温暖爱情漫画，用于微信公众账号的花品销售，同时可以印制成卡片作为鲜花配送的赠品。

The Hours 是什么 ?

生活美学分享课堂

花植空间设计品牌

优质生活周边产品

有温度的人事合集

The Hours 时时刻刻

品牌构建：

花店 + 下午茶时光 + 文化空间

产品结构：

花植售卖 +伴手花礼 + 创意课堂 +花食花饮+ 独立展览

产品分类

5、婚礼\商业活动

以花草之名筑一个梦，给你最幸福的安放。
承接各类商业活动、高端定制婚礼，及空间的花艺设计、软装创意等。

6、花艺培训课堂

业余兴趣班；零基础花艺班；专业晋级班；商业花艺研修班

The Hours 时时刻刻的无限种可能性

花店・芳香实验室

多样的气候和复杂的地形造就了云南“植物王国”“香料王国”的美誉，400多种天然香料植物遍布全省。

这里，是一个小小芳香实验室，不仅可以找到各种云南独有的芳香植物；一排透明的蒸馏容器还可以让你见识从花瓣到香水的全过程。

调香师会透析你的性格，洞察你的心灵，根据你的偏好，制作出一款属于你的、独一无二的香水。

标签：香水博物馆

The Hours 时时刻刻的无限种可能性

花店・造物者的生活美学

今天，我们再度重视手工艺，并不是为了空洞地复原一种农业社会的生活方式。在手作与机作仍并行存在的今天，如何寻找两者共存的方式，如何继续从手工艺中汲取精神价值才是关键所在。

来一起做手工吧，
做一个土陶花器，安放最美的时光；
做一条扎染围巾，圈起最温柔的年华；
做一个古法香囊，收集最熟悉的味道……

手作课堂：草木染、手作古方香囊、木作花器、植物标本制作、植物拓染……

The Hours 时时刻刻的无限种可能性

花店・生活研习会

每周一次主题分享活动，主打旅游和摄影。 同时介入其他优质资源，如：独立电影、读书会、酒会、茶会、亲子活动等

媒体运营：

将发挥核心团队在影像创作及网络推广方面的优势，通过持续且高质量的内容输出，集聚粉丝，从而促进销售。

微博：每天更新，保持活跃度；
微信订阅号：前期每周2~3次；
微信服务号：每周一次，主要以沙龙课程，产品推荐为主；

微信公众账号视频内容设置：

《花房姑娘》：围绕花店，讲述不同的人在其中发生的故事。半是虚构，半是纪实，将老板娘和店员打造成为大家身边的贴心朋友，形成粘性。

《24节气》：15天一期， 根据中国的24节气推出24款花束，用视频拍摄花束制作过程，并进行同步销售。

《云之南》：走访云南各处，寻找珍奇植物，用视频和图片记录下来。

同一视频内容会通过微信、微博、今日头条、企鹅号、美拍、秒拍等不同平台进行分享。

缘于对花草最诚挚的热爱，对生活最本真的忠诚，对世间万物的尊重

The hours时时刻刻 等待与你分享

告别与新生

22层高的昆明市新闻中心大楼
在媒体的一个个工作瞬间，见证了我一步步的成长

从2016年8月初提出离职，到2017年2月底正式离开工作岗位，我用6个月的时间完成了当年的业绩任务以及所有的工作交接，良好的工作态度也让我在日后的创业路上得到了很多贵人的相助。

这是我之前的领导和工作岗位教会我的道理，在任何时候，都要做一个有责任感的人，也是我和后来跟随我学习的学员们最常说的话，不要草率辞职，如果辞职要尽可能完善工作交接，因为一个职业的职场人，无论在社会上的任何岗位都会受人尊敬。

2017年的2月28日，我完成了最后一天的岗位工作，整理电脑资料的时候，翻出了很多之前工作时候的照片，当天在朋友圈里一连发了将近10条的怀旧动态。

说多了，其实还是不舍。

那两年很流行高晓松的“诗和远方”，大家也动不动就说“世界那么大，我想去看看”，我辞职很多同事都说羡慕我有这个勇气，去做自己喜欢的事情。

曾经一度我也这么认为。

但当我真正走出新闻中心大楼的时候，回头望向那个我从毕业就开始工作的地方，那个见证我成长的地方，那个带我实现新闻理想和信念的地方，我突然意识到，离开并不需要勇气，留下坚守的人才需要更大的勇气。

迈步走出大门，22层高的新闻中心大楼在我背后静默矗立，像个威严又慈祥的长者。

当时的我，很清楚即将失去什么，却无法肯定会不会得到想要的。

与过去的自己说再见，迎接一个全新的自己，我想这也正是生活不断折腾的意义所在吧。

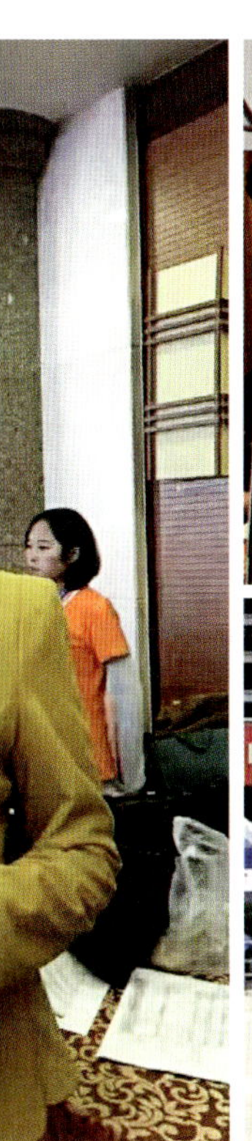

当时的我，
很清楚即将失去什么，
却无法肯定
会不会得到想要的。
与过去的自己说再见，
迎接一个全新的自己，
我想这也正是生活不断折腾的
意义所在吧。

我理想中花房的样子，

应该是上有阳光的沐浴，

下闻得到泥土的芬芳

贰

小小的
梦想　落地

选址落地

开实体店，选址异常重要。

我理想中花房的样子，应该是上有阳光的沐浴，下闻得到泥土的芬芳，所以没有“根”的商场店最初就被我排除在外了。

昆明是一座历史文化名城，昆明的许多老街道都极具韵味，当年西南联大时期，沈从文、冰心、林徽因、闻一多、汪曾祺等一众文化名人都曾在昆明居住，留下了许多赞颂昆明的文字。确定店面的那一阵，我和老公骑着电动车一处处逛：翠湖周边、小吉坡、先生坡、文林街、文化巷、钱局街、染布巷、铁皮巷……我们沿着老昆明的脉络，几乎走遍了所有的老街巷。

最终，花房的位置定在了书林街的“彩云里”，前身是昆明的老橡胶厂，也算是一代老昆明人的记忆。另外，这里还毗邻昆明的标志性古建筑金马碧鸡坊、东西寺塔、近日楼，算是一个闹中取静，又极具历史韵味的老文化街区。

虽然整个过程干脆利落，但我也踩了不少坑，

在这儿也想跟大家分享一下。第一个就是低估了自然人流量的重要性：这个地方调性是有了，但是因为缺乏太多的自然流量，导致之后的经营中我们需要做很多很多活动去引流，是一个比较累的过程；其二是忽略了选址的经济性：就像前文中我提到过的，创业初期，省钱和赚钱一样重要；其三是在装修过程中执着于过高品质的硬装，比如说我们的地板我坚持要用纯实木地板，结果就是又贵又不好打扫。

在装修的那一个月时间里，我每天只做两件事，白天一整天就是在现场盯装修——为了让自己拥有一个更好的店，晚上回家就打开keep健身——为了让店里拥有一个更好的老板。

装修真的很累，我们又想每一个地方都做得跟别人不一样，就累上加累。店里的很多装饰都是我们动手自己做的，比如市面上买不到好看的纯铜水池，所以我们就妥妥地自己买铜板来焊了一个。

上图右 想要的洗手池样子手稿
上图 自己买来铜板进行焊接
下图右 最终安装在花店一角的效果

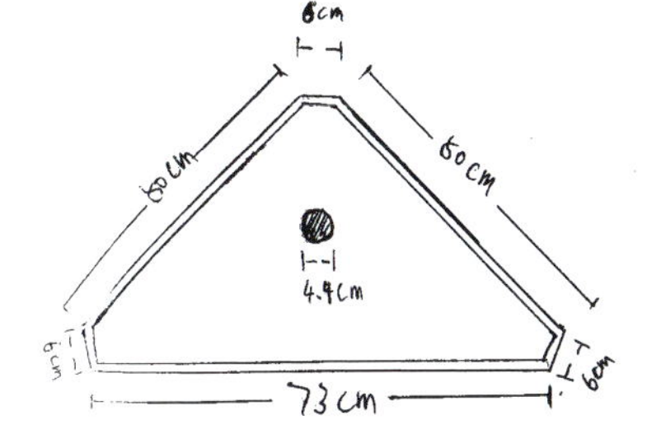

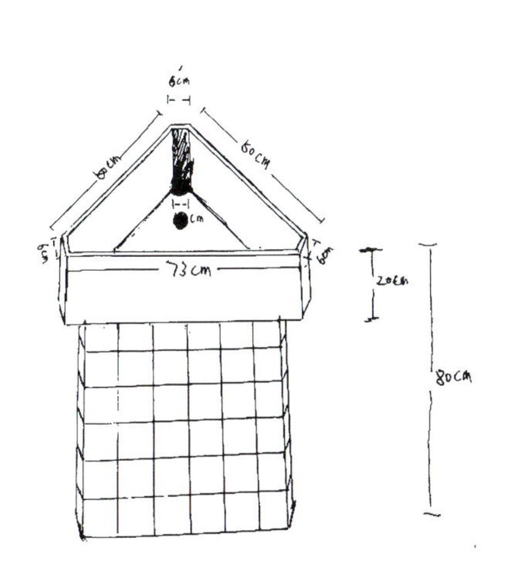

最终的灯架成品

想用细铜管做一个特别一点的灯罩，一遍遍跑建材市场，终于挑选到合适的材料，动手画设计图，然后焊接、完成。

各种事情都是亲力亲为：和木工现场沟通每一个家具的具体样式和尺寸；把发酵过后的羊粪与各种土混合后用来在店门口种花；想要一个独特一点的楼梯扶手，就要自己把钢丝刷白之后再自己穿和焊接。

而到了正式的软装环节，我们更是每一个细节都亲自动手，力求独特。

进门处的位置，我们自己手工编了3个大大的鸟巢灯。

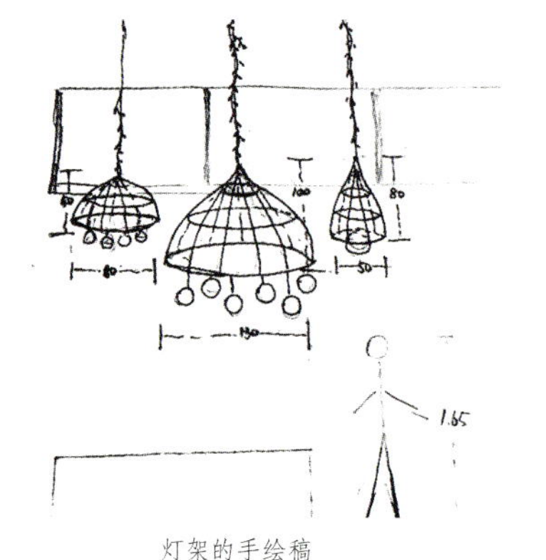

灯架的手绘稿

我们用心挑选每一株植物，并且把喜欢的叶子做成标本装饰在墙面上，还趁着雨季来临从路边挖了苔藓养在玻璃瓶和桌子里，在洗手台上方的墙面和木质楼梯的立面，也做了小小的立体苔藓。而在洗手池的上方空间，则是用海胆壳加空气凤梨做成了一个个飞翔的水母。

想要开家花店真的不是只有想象中的美好，还好我乐在其中，并异常享受这一点点努力实现梦想的过程。

这一簇苔藓是我在雨季的山林里挖的，特别将桌面挖了凹槽，做了隔水处理后将苔藓种下，绿油油的充满野趣。

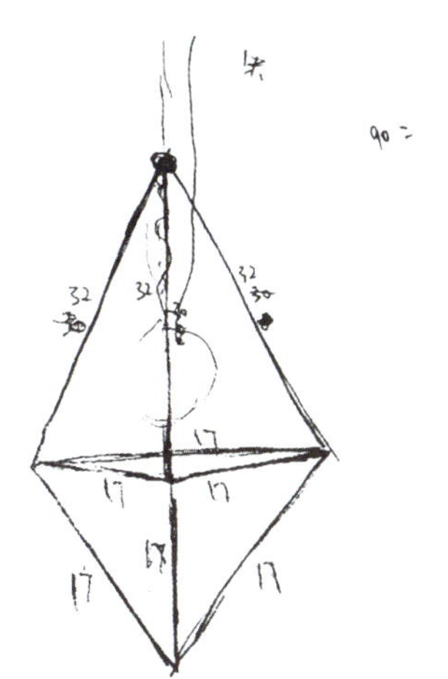

花店最终的样子我自己挺满意，而且凭借着第一批美照和前来打卡的小姐姐们的宣传，很快在朋友圈、微信和微博上都小有名气。

就是这样，大家往往看到的都是美好的一面，背后的艰辛却很少有人知道。

还记得临近开业的前一天晚上，我们去斗南补完货准备回来的时候，已经是晚上将近12点，刚好看到一只小黄狗靠着花堆睡着了，我想，就算辛苦，它的梦里应该也会有花香吧。

这个章节接下来的内容，我想跟各位想要开店的朋友们分享点实在的，就是开店之前，你都需要做什么。

这部分其实很容易被人忽视，很多人觉得会了技术，花店开起来，自然就有客人了，生意自然也就会慢慢好起来。殊不知如果前期工作没有做到位，不仅会踩很多坑不说，搞不好还会直接导致创业的夭折。

1. 品牌名称

这是第一步，也是很关键的一步，就是确定自己的品牌名称。

我自己的取名原则前文中已经提到过，如果实在不知道该取什么名字，我的做法是翻看《诗经》和《唐诗宋词300首》，可以给到不错的灵感。

2. 确定品牌定位和用户画像

创立一个品牌初期还有一个非常重要的事情，是一定要确定清楚自身的品牌定位和用户画像，因为市场很大，蛋糕也很多，你不需要也不可能服务所有人，而在后期，品牌一定是最最稳定的流量源。

其实确定品牌定位就是要搞清楚“你是谁？你要成为谁？你想服务于谁？”这三个问题。

以时时刻刻为例：

The hours时时刻刻是谁？

生活美学分享课堂

花植空间设计品牌

优质生活周边产品

有温度的人事合集

The hours时时刻刻想要成为谁？

生活方式引导者

美好生活创造者

The hours时时刻刻想要服务于谁？

有一定经济能力，对生活品质有一定追求，拥有独立审美的女性为主。

3. 品牌符号

这里的“符号”是指广义的品牌识别体系，其实也就是我们常说的CI——企业视觉形象识别系统。

为什么要重视，我的总结是，当所有人都一样的时候，就是美的荒原。

其实CI是包括四部分的，分别是MI（理念识别）、BI（行为识别）、VI（视觉识别）和SI（空间识别）。

MI：即Mind Identity，理念识别，是确立企业独具特色的经营理念，是核心。

以时时刻刻为例，品牌理念是“开一间花房温暖一座城市”，核心是温度和文化。

BI：即Behavior Identify，译为行为识别系统。

我们回想一下每次进入麦当劳，都会听到服务人员说一句“麦当劳喜欢您来，喜欢您再来”，这其实就是一个非常典型的行为识别。

在花店行业，早期的野兽派做得非常好，店员都穿着西装打着领结，对进店的客人如何引导、如何接待，包括收银时候的手势和送客人出门的动作都是非常规范统一的，这些行为就代表了一个品牌。

VI：又称为VIS，是英文Visual Identity System的缩写，视觉识别系统。

这个是我们大家比较熟悉的了，时时刻刻的视觉VI色是绿色，所以我们从信封、卡片到手提袋、贴纸全部都是统一的图案和颜色，这个代表了一个企业的形象统一。

SI：SI(Space Identity)，称为空间识别。

这个也是很多人会忽视的部分，比如无印良品的店铺，就算你不看招牌，一进门从他们的陈列和空间中就能够认出他们的品牌，这个是非常重要的。

头像、贴纸、贴纸、小卡片

对于开设单体花店的小伙伴们来说，我们可能没有办法做到这么专业的品牌陈列，但是我们可以通过一些小技巧来完成“空间识别”这个部分。

比如可以在店面内设置一些拍照打卡点的布景，当每个客人来到你的店内都愿意在你设置的打卡点拍照发圈的时候，不仅形成了二次传播，也在一定程度上完成了“看到这个地方就知道是哪家店”的空间识别。

比如时时刻刻第一家店的绿色大门、进门处高低错落的花桌以及吊灯；还有新店院落里蓝色花园椅的小角落，都是到店客人必拍照的点，而且一看就知道是时时刻刻的店。

4. 选址

在店铺选址方面，有几个点是需要着重考虑的。

（1）现有商圈的潜在能力

选择的这个区域，整体的消费能力和商业活力怎么样？有没有发展的潜力？

（2）周边人口规模及特征

了解周边人口总量和密度，年龄、职业及收入情况，优质的人员结构对店铺销售有非常大的促进。

（3）避免中间阻止型店铺

过路人群多，但是不好停车，或者以前的购买习惯，都会在中途阻止顾客，选址时应避免中间阻止型的地理位置。

（4）累积的吸引力

邻接或靠近位置的优质店铺，可以提高销售额。

（5）选址的经济性

回归零售本质，成本控制永远是最重要的。

5. 本地市场调查

（1）行业整体发展动向

（2）对标店铺的业务线条及业务板块

（3）对标店铺的平均客单价

（4）对标店铺的单日平均流量

6. 确定产品线条

经过本地市场分析和调查，要根据自己的实际情况和擅长的内容，把所经营的业务进行线条梳理和版块划分，这个工作可以帮助我们对日常工作进行细化，而不是被动的来订单接订单的疲于应对。

我们把自己的日常业务划分为了以下版块。

日常零售：鲜花（花束、花盒、花篮等）、植物、周边产品（永生花、花茶、蜡烛、手工皂等等）。

节日销售：各个节日及节点性日期的销售。

店饮店食：饮品、甜品。

沙龙：店内主题活动（插花、手作、电影、音乐、读书会等）。

企业合作：企业订单、企业沙龙（暖场、VIP客户答谢、企业员工沙龙）。

商业活动：商业布置。

软装美陈：商业美陈、家居软装设计。

宴会设计：生日、求婚、宝宝宴、婚礼。

7. 确定货源渠道

另外一个工作就是要确定每一类货品的进货渠道，常规的包含鲜花、资材（包装纸、花盒、花篮等）、周边产品等。

尤其是花材，对于花店来说至关重要。很多还没有开花店的小伙伴，可能会比较执着于想要直接找到源头基地，作为过来人想跟大家讲，其实根本没有必要。我们花店的特性就是每次要的单品花量不多，但是品种数量不少，这种单个品种的进货量，根本没有办法跟基地对接的。现在有那么多的花材供应平台，找到适合自己城市的就可以了。另外也不要忽略了和当地的鲜花批发商搞好关系，一些临时性的花材补充，还是需要依托本地批发商。

8. 预期投入

这是一个算账问题，开店千万不要“走着看”，而应该在最初就做好投入预算表，把每一笔可能产生的开支罗列出来，最后算出的总额看是否超出了预期，然后再进行删减或调整，直到投入总价在自己的可控范围之内，再开始动手“花钱”。

还有一点，大家前期的市场调查以及学习的成本，也要记入前期总投入之中。

9. 每日营业额预估

开花店是我们每个人的梦想，但是归根结底其实还是“做生意”，只有保证稳定的盈利，才能支撑我们的梦做得更持久。

所以还是要现实一点，根据前期投入计算出每天的成本数据，从而再计算出想要得到自己的预期利润，每天的平均营业额应该在多少，然后对自己罗列的业务线条进行梳理和拆解，想方设法完成预期营业额。

10. 确定装修风格、挑选设计师及施工团队

我听过很多同学跟我说，老师，我店马上就要装修好了，接下来在开业前还需要做哪些准备呢？

这么问的同学，一定是把装修店面放在了一个非常重要的位置。其实看完这个章节的以上部分，大家应该也已经发现了，在真正开店之前，我们的准备工作是非常非常多的，而最后的装修店面反而成了一个最水到渠成的事情。

在装修阶段，我们需要注意的是功能区域的划分，这个一定是最初就确定好的。花店的常规功能区域包含：花材展示区、操作区、水池区、仓库，确定完区域划分，留好动线位置，才涉及到装修风格和软装设计。

在设计部分如果没有灵感，给大家的建议是可以先搜集整理大量的装修案例图片，再从中进行筛选和借鉴。比如花店的大门，我们找50张国内外不同店面的门头装修图片，再找出自己喜欢的颜色和风格款式，就很容易能够落地了。

面对辛苦筹备出来的美美的店，

与其说是“梦想”落地，

我更愿意称这个地方为

——“白日梦”开始的地方。

叁

赢在内容的突围之路

前文中提到过的我之前的直属领导张稼文老师（中）

白日梦开始的地方

我们的花房终于开业了，在经历了将近一年的筹备之后。

2017年8月5号的下午，我在花房举办了一个小而温暖的开业活动。

很多之前工作时候媒体的老师、朋友，还有许许多多小伙伴都来到现场，见证了我们的梦想。

说实话，之前我幻想过很多次开业时候的场景。

我穿着美美的礼服裙子，和每一个来道贺的朋友在门口的花墙前面美美地拍照。

在小小的屏幕前面，侃侃而谈我的梦想。

但真的到了这一刻，我竟有些恍惚。主持过无数个发布会、晚会活动的我，在拿起话筒的时候，几乎哽咽。

是的，创业真的很艰难，也很辛苦。

在开业礼的前一天晚上，我和团队的小伙伴一起熬夜做花墙、桌花的布置到深夜4点。

回望离职以来的这几个月，花房从一个毛坯状态的老厂房成为今天的样子，恍若隔世。

面对辛苦筹备出来的美美的店，与其说是“梦想”落地，我更愿意称这个地方为“白日梦”开始的地方。

还记得当时，所有人都在羡慕我的生活，羡慕我过上了他们梦想中的生活，但只有我自己知道，真实情况并非如此。

我并没有过上如愿以偿“闲时静看花开花落”的美好生活，相反，每天早上来到花房，要先给所有的植物浇水，给鲜花换水，处理花材打花刺；每周要去斗南1~2次，晚上8点半开市，买完花回到店里12点，然后回到家已是深夜。这还不算遇到临时订单需要早起以及遇到活动项目需要通宵的情况。而每到节假日，反而是花店最忙的时候，可以说在花店开业的前半年时间内，从来没有一天在2点之前睡过觉。

但创业初期的热情以及对未来的美好憧憬，令身体的疲惫和心灵的满足感相互消融，内心充盈着满满的感动。

右页上 开业当天，前来祝贺的朋友们挤满了花店，当天也做了一个小花束的促销活动，所有花材全数售空

右页下 摄影师隔着玻璃拍下了这张开业演讲的照片，现在看来像在梦里

开业当天，有几个路过的外国游客看到了我们的小小花房，进来喝了开业酒，说特别像他们在法国看到的店，美好又浪漫

超级网红店时期

开店初期，凭借着超美的店面以及富有情怀的花店故事，时时刻刻着实吸收了一大批粉丝和流量。因为我们的店内同时经营了下午茶的板块，当时店里每天都是络绎不绝来打卡的人，周一到周四都是满员，周五到周日更是达到了平均每个桌子翻三台的喜人态势。

我每天都会穿着漂亮的小裙子，乐呵呵地在店里转悠，对慕名到店的客人们迎来送往，乐此不疲地为每一个人讲述花店的创业历程，讲述我们花店名字的故事，讲述店里一桌一椅一草一木的由来，接受着每一个人赞美的语言和羡慕的目光。

可一个月下来，到月底盘账的时候我傻了，“超级网红店”的真实现状是：店面总投入65万元（这是我辞职之后的全部积蓄，银行卡里一分不剩）；房租每年28.6万元（1年之后还有5%的递增），而单靠卖花和网红打卡，根本不足以支撑店面运营！

一切不谈赚钱的事业都是『耍流氓』！

在昆明这样一座遍地是花的城市，如何把花卖上价格，是我们不得不面对的一个问题。

你跟客人说，我这花材品质好，他说斗南鲜花按斤称；你说我这有技术有设计，他说斗南鲜花按斤称；你说我这服务好，他说斗南鲜花按斤称……

面对透明的原材料市场，我们只能想方设法提升自己的附加价值：卖文化、卖情怀、卖技术、贩卖美好生活。

最初的我们，和所有人一样，面临着用户基数不足，订单量不稳定，接不到大项目，利润率不足的困境。但是经过3年多的发展，时时刻刻完成了从70㎡单体花店到一个600㎡花园和一个300㎡专业培训教室的升级，团队人员数量也从5人增加到了10人，而业务板块则从鲜花零售扩展到了文化空间运营＋鲜花零售＋花艺培训＋商业项目执行等多个领域。

在下面这个章节的内容中，想跟大家讲讲我们发展的心路历程，希望能够给大家一些启发以及一些鼓舞。

用吸睛的活动吸引客群

——庞大的客群是零售稳定的基础

“庞大的客群数量永远是零售稳定的基础”，这句话希望大家一定要记住，当你的用户数量足够多的时候，生意肯定不会太差。

在开店初期，我们策划了非常多有趣的活动，我称之为“事件营销”，这是在引流阶段最简单也是最快速能够吸引人的办法。

- Case 1 -

300支绣球，打造昆明周末约拍圣地

2017年9月，花店开业一个月的时候，我们拉来300支绣球，在花房门口布置了一个好看的场景，吸引人前来拍照打卡。

我们将场景布置的时间定在周五一早，拍完宣传照片，迅速发布了标题为《300支绣球，打造昆明周末约拍圣地》的公众号文章。

到了周末，很多小姐姐慕名前来，我们还专门为活动推出了双人下午茶套餐，带动甜品消费。

9月份正是绣球花上市的旺季，我们从基地里采购的绣球花是2元一支，整个活动的材料采购仅仅花了600元，可以说是低成本的优质活动，而好看的照片是活动成功的关键。

The Hours時時刻刻
花植生活實驗室
花禮定制
花藝培訓
甜品輕食
咖啡花飲
生活美學分享課堂
花植空間設計品
優質生活周邊產品
有温度的人事合集

- Case 2 -

秋天的最后一场落叶

11月末，正值昆明的深秋，我们从植物园拉来满满一后备箱的落叶，铺在整个花房门前，并用落叶为主题做了一组花艺陈列作品，再次成为昆明的“网红”。

在这场策划中，我们着重抓住了情感要素。在昆明，生活在这个城市里的人们对于植物园有着特殊的感情，每年深秋，植物园的枫叶红的时候，大家都会约着朋友家人一起，去赏枫叶。我们选择在枫叶落尽的深秋，把植物园的叶子拉回花店，邀约大家一起来欣赏“最后一场落叶”。

趁着落叶布景，我们还组织了以枫叶为主要材料的花艺沙龙课，由于报名的人太多，沙龙活动连续做了两天。

我们小时候应该都有这样的回忆，秋末冬初，路边的梧桐树下堆着扫成一堆的树叶，鞋子踩上去的时候还会发出咯吱咯吱的轻快响声。
随着慢慢长大，遇到落叶我们再也不会刻意踩上去听它破碎的声音，甚至根本不会注意到秋末最后一场落叶什么时候到来又消失。

- Case 3 -

流动花房：最温暖的跨年

用最浪漫的方式，迎接新一年的到来。

2017年的最后一天，我们做了一场“流动花房”快闪活动，用鲜花布置了一辆流动花车，来到昆明相对人流量聚集的商业街区，不仅起到了宣传的作用，同时在当天获得了大量新粉丝。

其实我们去的那个商圈是昆明人流量非常大的商业中心，如果普通品牌去摆一天摊位，价格是4000元，但是由于我们做了非常详尽的策划方案，而活动本身也足够有吸引力，最终变成了商圈和我们品牌的联合活动。我们还在现场放置了二维码卡牌，现场完成了很多转换。

整场活动，除了形式上的吸引眼球，让受众乐于参加的关键点还在于整个活动的文案。我们采用了UGC互动文案生产方式，先前期征集跨年文案，每一句都是当下流行的热点，又是大家的心声，自然乐于分享传播。

- Case 4 -

花房野餐

3月春暖花开，正是“吃花”的好时节，随便去菜市场里逛逛，都能看到满眼的可食用花材。记得在2017年4月，我的店还没有开业的时候，我就在公众号里写过一篇文章《云南的菜市场里住着一整个春天》，但是这篇文章转发量和阅读量都非常高，所以我断定，受众对于“吃花”这个事情是有关注度的。于是，我就在2018年的3月份，在花房里做了一场“花房野餐”的主题活动，邀约我们的VIP客户赴约，不仅做到了答谢客户，让花店别具一丝生活气息，而大家争相转发的优质内容海报，也形成了朋友圈里非常好的二次传播效应。

小番茄
棕包
三色堇
树番茄
花房野餐
每一刻都是最好的時光
金雀花
秋葵
荷叶尖
棠梨花
虫草花
银雀花
桑葚
海菜花
树莓
蓝莓
冰菜
茉莉花
時間：二零一八年三月三十一日
地址：書林街彩云里128號時時刻刻花植生活實驗室

- Case 5 -

花植展 | 秋天的手信

这场活动是2019年10月做的，那个时候已经搬到了600㎡的花园店里，也是这个店里做的第一场活动。

10月，昆明的秋天悄悄地来了，在每天早晚都要加的外套里，在点咖啡时候的那一句轻声的不要冰里，在每天一点点变得越来越高的风和云里。

于是，我们趁着秋天的光顾，在店内做了一场主题花植展，名为《秋天的手信》。

其实那个时候国内花店行业“做展”的概念并没有兴起，所以我们当时的做法一下子就吸引了很多人的注意。

当时我们收取的门票费用是68元/人，包含如下内容：

（1）一份秋日特饮（可外带）；

（2）用落叶亲手写一封关于秋天的信；

记得我上初中时候的一个秋天，捡了校园里的落叶做信纸，给一个暗恋的男孩写信。

当时信的内容和他是否给我回了信都已经记不得了，但那个诗意又缓慢流淌的岁月我至今记忆犹新。

所以这个环节也是本次主题展的重头戏，我们准备好了信封和邮票，会帮客人把信寄出，让我们和最珍视的人一起品尝这个秋天。

（3）前20位报名者每人可获得一个秋天的珍藏纪念瓶。

西风太烈
但像是画家的主儿
它不惜重彩染片片叶子
殷红了情侣的心
叶到枫红处
离枝空舞飞

case……

除了这些策划性质的活动，在各个节日节点，我们都会做不同的节日策划，来促进销售或者增加客户粘性。

2017年“520”

这时我们的花店还没有开始营业，我从陈升那个著名的“明年你还会爱我吗”演唱会情侣票的故事中获取灵感，策划了一场跨越一年的“爱情实验”。

“520，我爱你”。我们在2017年5月20日的时候征集情侣的爱情故事和合照，并写下一句想给对方的话，我们整理之后发布在公众平台上，等第二年“520”的时候再来做回访：明年的今天，如果你们还在一起，请允许我送一束最美的花给你们，并录制专属你们的视频短片；如果明年你们已经确定了婚期，那在你们的婚礼上，我将亲手制作一款最美的手捧花送给美丽的姑娘。

当年一共有8对情侣参与活动，到了第二年，全部都还在一起，而且有两位确定了婚期，我们也如约给新娘送上了手捧花。

2017年七夕

这是我们开业以来的第一个大节，面对基础客群数量不足的情况，节日营销策划就显得非常重要。

这个节日我们以我和先生的爱情故事作为策划点，发布了一篇《在一起7年，幸好没有败给七年之痒》的文章。因为如果直接推广节日的花礼打样，不仅关注度不够，而且大部分人都不会分享，就不会形成二次传播。而对于“故事性”的内容，天然具有很强的传播性。

关于推文的具体内容，在本章节的最后一个板块会做详细的展示，这里不多赘述。

2018年情人节

我们再次尝试“事件营销”的思路，将单店的情人节活动上升到“寻找昆明模范夫妻”的城市高度，找媒体做背书，再次寻求商业中心的合作。

在商场的中庭，我们做了一个好看的布景，还准备了头纱，为来往的情侣拍照。在现场我们非常幸运的拍下了一对八十多岁爷爷奶奶的照片。他们一辈子都没有拍过婚纱照，当奶奶带着头纱望向爷爷的时候，他们脸上浮起了最美最甜的笑容，这张照片也被很多媒体采用。

2018年“三八”节

这是我们经历的第一个“三八”节，其实之前经过我们分析，时时刻刻的客户大部分以女性为主，这在日常经营中给我们带来非常大的优势，能够保证我们日常订单的稳定，但是到了过节，尤其是“三八”节，女性反而变成了我们常规认知的“收花者”，应该是男性买花送给女性的。所以我一直在思考的一个问题就是，怎么样让不是我客户的女性群体，成为我的客户。

当年有一组章子怡没有经过PS的照片特别火，岁月的痕迹在她脸上留下了坚韧和不服输的神情。

于是我们借着这个热点策划了一期《女神节：像少女一样去爱吧》的主题活动，从章子怡的照片入手，再到徐静蕾的独立女性宣言，我们主张女性不要活在男性的审美枷锁里，许多男性认为“白幼瘦”是美，但我们为什么不能大方承认每个不同年龄段的女性都有不可替代的美呢？如果我想要一束花，为什么一定要等男性送我，不可以自己送花取悦自己呢？

我们顺势推出了一束主张女性送给自己的花束，以桃花作为主花，成为当年的爆款，成功将本不是这个节日消费者的女性变成了我们的消费者。

2018年母亲节

这个母亲节，离大火的《你好，李焕英》上映还有3年，但是我们在当年就已经做了《妈妈年轻时候有多美，你知道吗？》的主题策划。线上征集妈妈年轻时候的照片，在母亲节前，邀请母女到店内做视频采访，并且在花房拍一组美美的合照。

当年的那组策划，看哭了好多人，也在经营上完成了很多节日花礼预定。

2018年父亲节

父亲节，并不是一个传统意义上的大节，如果按照常规方式来思考，我们花店的消费主力是30~40岁的年轻女性，但是对于这类人群的父亲来说，节日的时候买个钱包、送个皮带、或者一起吃顿饭，反正干什么都比送一束花要实用。

于是我们还是逆向思维，策划了主题活动："写给新手爸爸的情书"。我们采访了几位初为人父的"新手爸爸"，让他们陈述刚刚当上爸爸的心情。视频采访真实又感人，我们也借由这次策划，呼吁他们的妻子，给另一半过一次父亲节。

这个选题的策划点在于制造消费场景，让我们的消费者有机会为"生活的仪式感"买单。

2018年七夕：关于爱情的100件小事

逢节日必做选题策划已经成为了时时刻刻的惯例，如果刚好赶上比较忙的时候，哪怕是简单的线上征集也是可以的。这个七夕，我们就做了一个简单的"关于爱情的100件小事"线上征集活动，热恋中的情侣都乐于分享，而甜甜的爱情故事谁都愿意听，所以关注度是自然不会缺少的。

2018年万圣节

2018年万圣节，我们走出花店，带大家来到昆明市植物园，做了一场暗黑森林之约。

在植物园的树林中布置了一处纯黑色的场景，要求来参加活动的小姐姐们必须穿着黑色和化烟熏妆。平时没有机会出街的酷酷装扮反而成了吸引人的噱头，许多客人前来参加。

2019年"三八"节：50岁了，那又怎样

这是我们花店开业经历的第二个"三八"节，我们做了一组有深度的策划。我们寻找了身边20岁、30岁、40岁、50岁不同年龄段不同职业的女性，有健身教练、有创业者、有独立设计师、有米线店老板、有企业高管、有媒体前辈，但不管是何种社会身份，都活得潇洒又精彩。

不迎合、不谄媚，接受不同，又保持真我。你没有办法说任何一个认真生活的女性是不美的，这些鲜活的女性形象共同构成了整个社会完整又丰富的一面。

2019年母亲节：有位酷妈爱着你

这个母亲节，我们尝试去跳脱开传统意义上对于"妈妈"这个角色的定义。谁规定妈妈一定要为了爱我们而操劳一生？她们是职场中专业过硬的光辉女性，是爱笑爱美也需要被宠的小公主，是爱运动爱看书也爱广场舞的酷老太太。

我们做了一期"酷妈"征集，让大家投稿自己那个不走寻常路的妈妈。

与此同时，我们尝试带有故事性的海报设计，让客户从宣传中能够看到情感的表达。

2019年"520"：你是我世界的盐和光

这一年的"520"，我们尝试向年轻群体靠拢，我们在花礼打样、文案和照片拍摄上都进行了年轻化的转变。

其实我觉得创业就是这样，需要不间断的尝试、打破、再尝试，才能一直保持品牌活力。

2019年七夕：Love is Love

这个七夕，我们主推的款式是一款彩虹花盒。

大家都知道，彩虹代表着同性者的爱。2015年6月26日，美国最高法院裁定同性婚姻在全美合法，一下子各地到处都打上了彩虹灯光，挂上彩虹旗帜，共同庆祝这一历史时刻，爱情平等。不仅如此，各大品牌和社交媒体也纷纷发声，用他们精彩的文案和设计，传递出无限正能量，带给人满满的感动。

不管是他爱她，他爱他还是她爱她，爱就是爱，没有不同， 七夕情人节，属于所有相爱的人。 所有的爱情都值得被祝福，我们的花，值得被所有相爱的人拥有。

做这样一个策划，其实体现的是一种品牌态度。

我们制作的 24 节气海报

而在经营过程中，除了明确指向经营的节点性策划，我们还在不断地强化自身品牌价值和定位，用文化提升品牌内核。

2017年刚开业的时候，时时刻刻的slogan是“建一座花房，温暖一座城市。”我们做了很多有温度的事情来对应这句slogan，比如最开始我们做过一个专栏，去记录每一个订花人背后的故事。

我印象很深有一个女生要在妈妈生日的时候给她送一束花，点名一定要粉色系的，因为想让妈妈收到花的时候像个小姑娘；还有一个是妈妈订花送给女儿的十八岁成人礼物，想让女儿之后的人生都像花儿一样绽放得绚烂多彩；还有一个男士，结婚十周年的时候碰巧在出差不能赶回来，提前好多天定了花，还留了卡片，说第一个不能一起度过的结婚纪念日，心意也一定要在……

我们的花温暖了这个城市，而这一个个鲜活又温馨的故事背后所传递出的人文情怀，也给我们前行提供了强大的力量。

我还经常会在朋友圈和公众号里发布一些读书笔记、观影笔记，还有一些生活美学小技巧，比如打造阳台花园、怎么拍美美的花房照片、昆明周边游玩出行攻略等等。

春天带大家去郊游野餐，秋天带大家上山看秋景，而遇到下雨天，就手工做一把花伞，迎接最美的雨季。反正所有的一切都指向“美好生活创造者，生活方式引导者”，而不是一个简简单单卖花的花店。

在花艺设计层面，我们会制作24节气海报，为12星座专属定制有性格特点的星座花礼，而且也会做一些艺术层面内容的渗入和延伸。

通过不间断的品牌打造和文化附加，慢慢的，开始有一些优质品牌愿意和我们做品牌联合的活动。比如MINI59周年的复古派对我们以品牌联展的方式露出，奥迪Q3新车上市的分会场选择在我们花店进行；再慢慢的，有品牌找我做本地化的品牌代言人，有优质的话剧和文化活动开始找我们联合推广。

直到2018年，我作为花艺师被入选拍摄云南省官方最新形象宣传片，为云南的花卉行业代言，和我一同入选的有舞蹈家杨丽萍、画家叶永青、指挥家李心草、诗人晓雪、植物学家裴盛基。那段时间，视频登上了央视，还不间断地在云南电视台、昆明长水机场和地铁站的大屏上播放，为我们品牌带来的传播效果，不是用金钱可以换来的。

我想，如果不是我不间断地传递美好生活和云南文化，宣传片导演也不可能让一个普通的“花店老板”来拍摄云南省宣传片，也更让我坚定了一直做品牌文化的思路。

2018年，我作为花艺师被入选拍摄云南省官方最新形象宣传片，为云南的花卉行业代言。一同入选的有舞蹈家杨丽萍、画家叶永青、指挥家李心草、诗人晓雪、植物学家裴盛基

这个部分收录了

我从开店以来各个阶段

在公众号上发布的文章，

也算是一种记录吧。

肆

我的营销日记

这是我公众号的第二篇文章，当时还正处于店面装修的初级阶段，我认为在内容运营上真的一刻都不能闲着，所以策划了这样一组选题。把云南人可能司空见惯的“吃花”习俗做了一个归纳，还罗列了常见花材的烹饪方法，传播量非常广。

云南的菜市场里
住着一整个春天

2017 APR 04.07

在云南，春天不仅仅可以用来思春和发呆，还可以用来吃。对于云南人而言，春日的餐桌上每天都有几道应季“花宴”是再寻常不过的事情了，花开不败的除了花市，还有菜市场。

今天早晨我就趁着春日正好，去逛了昆明最大的农贸市场，篆新农贸市场。这里菜品齐全且新鲜，好多不住在周边的市民宁愿坐公交车多走几站路都愿意来。

清晨的菜市场里各色新鲜的蔬菜垒码整齐，等待着人们带回家，正当季的山茅野菜更是满眼皆是。

云南吃花的习俗可以追溯至1500年前，可以食用的花的品种也有三百多种。下面就为大家整理一下菜市场里最常见的花材和做法吧。

金雀花

金雀花是春天菜市场里最常见的一种花材了，而长在枝头的时候颜值也是颇高的。

金雀花最常见的做法是用来煎鸡蛋，简单方便好操作。

把金雀花洗净，滤干净水分，然后和鸡蛋混合搅拌，再下油锅煎成金雀花鸡蛋饼。出锅后金黄金黄的透着金雀花的清香甘甜，入口层次分明。

当然，同理，做成炒鸡蛋和蒸鸡蛋口味都不错。

海菜花

海菜花别名海龙花，是中国独有的珍稀濒危水生药用植物，渐危种，主要分布于云南、贵州、广西和海南部分地区海拔2700米以下的湖泊、池塘、沟渠和深水田中，一般花期4~10月，国家二级重点保护植物。

海菜花可谓是花届中的“傻白甜”，它对水质污染很敏感，只能生长在纯净的活泉水中，水质稍有污染或农田里施有化肥海菜花就是死亡。所以前些年滇池水体污染较为严重的时候，也很少能够看到海菜花的踪迹。不过从前几年开始，滇池水域又重现了海菜花的踪影，一朵朵黄蕊白瓣的小花开在水面上随波荡漾煞是好看。这些小花就是滇池治理成效最有力的证明了吧。

海菜花是我最喜欢的美味佳肴之一，可以煮汤，可以凉拌，可以炒吃；煮汤滑爽，凉拌开胃，炒吃清香。云南本地人见惯了这等美味，还要特意摘去它的花，我却一点也舍不得丢弃，统统吃进肚子。就算买一把单单是插在瓶里也算不辜负春光。

棠梨花

不要看它在菜市场的众多花中属于其貌不扬，开在枝头的时候可是非常美丽的。

棠梨花即蔷薇科野生灌木棠梨的花朵，盛产于广西、云南。初春盛开时，漫山遍野，清新洁白。成熟后色泽深绿，拿来或拌或炒，都是一道鲜美异常的时令佳肴，且色泽依旧如故。

棠梨花本身苦味较重，所以食用的时候焯水和漂洗的工序一定不能省略。

做法如下。

1.棠梨花放入净水中浸泡30分钟，氽水，再放入净水中浸泡5分钟。

2.控干水分备用，韭菜则洗净切段备用。

3.热油锅，煸炒干辣椒与蒜片，放入肉丝翻炒至半熟。

4.放入棠梨花，转大火翻炒。

5.最后放入调料调味即可。

烹饪棠梨花，最好前一天晚上就开始用清水浸泡，食用时再用清水漂洗几遍，这样花的涩味基本上都会褪去，吃起来更为清香。棠梨是云南的野生灌木，棠梨花含有丰富的氨基酸、维生素，有健胃消食的功效。

茉莉花

云南人也真是任性，茉莉这么清新脱俗而且在其他地方还挺贵的花，在菜市场也是和蔬菜一起称斤卖的。

茉莉花最普遍的食用方法是泡茶，其实用来做粥味道堪称惊艳。

1. 大米和糯米洗净提前泡1小时。

2. 锅内放水烧开，加入泡好的米，煮至粘稠。

3. 干茉莉花用清水冲洗一下，放入粥内，继续熬煮10分钟即可。

当然，炒鸡蛋也是可以的（我发现所有花和鸡蛋都是绝配）。

玉荷花

玉荷花又称山荷花，多生长在海拔800~1400米的山坡、路旁、村寨周围，云南大部分地区均有分布。开花时间大概是3月，开在玉荷树上，有点象缩小的百合花，花瓣呈粉红色，花蕊一般为较深的玫红色。满树的玉荷花绽放，非常漂亮。

玉荷花的食用方法是去花托、花蕊，洗净花瓣，沸水中焯3~5分钟，清水中浸漂4~5小时，控干水分，可用肉片炒吃，炒韭菜吃，用蚕豆炒吃，或者煮汤吃，煮粥吃，味道爽口，满嘴留香。

故有人赞：“粉红似白身如玉，蝉衣短裙招蝶戏。仙子下凡入宴来，化作佳肴添诗意。秀色可餐菜味美，龙须羹粥汤靓丽。玉荷花开人欢聚。”

芭蕉花

芭蕉花就是芭蕉的花蕾或花。芭蕉花的种类很多，几乎都可以食用，深受傣家人的喜爱。

看似平凡的芭蕉花，有着一股特有的清香，口感也很韧口，可做出的菜式更是五花八门，包烧、煮、蒸、炒都可以。

芋头花

其实说实话，来云南好多年我都还不知道这种菜市场里像尾巴一样的是什么。

问了老板才知道，哦，芋头花。

切碎后用青椒、茄子爆炒，拌饭一绝。

苦刺花

苦刺花是云南特有的植物，不但是一种山野美味，还是一种天然草药。苦刺花具有降火、降压、消炎、解暑的作用，可以用来消化不良、胃腹痛等病。在干燥的初春，把它煲成凉茶，有着极好的消热消炎的作用。

看到这种花型是不是已经猜到了？没错，可以炒鸡蛋。

正所谓“春城无处不飞花，春来无处不吃花”，不吃点花怎么对得起这大好春光呢？

其实，说起云南、昆明和花的关系，就是一种生活日常。菜市场里还能看到这样的场景：紧挨着菜店就是一家花店，娇艳的鲜花和新鲜的蔬菜一起，为我们的生活增添着无尽的色彩。

这篇文章是写得我当初去学习时候，同屋住的一个姐姐，时年她44岁，但是那种乐观开朗的劲儿，还有对于生活的智慧，让我记忆深刻。

没有高潮的人生该有多无聊？

2017
APR
04.07

“他已经四十二岁，往前，看不到任何自己渴望享受的东西，往后，看不到任何值得费心记住的东西。”

——约翰·威廉斯《斯通纳》

在生活中你有没有过这样的瞬间，觉得日子顺畅如水，赚着足够支撑我们生活的钱，家庭事业稳定如常，似乎一切都在应有的轨迹上行驶。

但就是会有那么一瞬间，觉得失落和彷徨。

01

这次去北京学习，认识了一个很有意思的姐姐，我们住在一个屋里。

姐姐的儿子今年高三，问她今年多大年纪，她掏手机翻出一张在海边半裸的肌肉男照片，说这是我儿子，帅吧，你猜我多大？

有这么介绍自己儿子的吗？

儿子高三要准备上大学了，别的妈都是恨不得抛弃所有生活长在孩子身上，她倒好，一年中学了花艺，考了日本的NFD，还学了烘焙和摄影，这次又来进修Max的高阶课程，准备开一家花店。

她说孩子的学习成绩从来都不是她着重考虑的，她认为诚实善良的品质才最重要。从小学开始，就帮着儿子跟决策不正确的班主任“斗争”，会理解孩子的一些小调皮，也会让做错事情的老师向孩子道歉。

因为她觉得，要让孩子从小相信真诚和正义。

妈呀，这样的妈妈给我来一打！

大姐叫白晓梅，1973年生，今年44岁，山西太原人，经营着一家很牛的医疗器械公司。

她应该也是看出了我在听到“医疗器械”时候脸上的一丝小表情，所以继续不无骄傲地和我说，“我不会主动提出请他们吃饭喝酒什么的，我的产品足够好，我也足够专业，我相信会有人看到的。”反而获得了超多客户的信任。

每天早上洗漱时候都能听到大姐哼着小调儿，有时候是“太阳当空照，花儿对我笑”，有时候也听不出来哼的是什么，还信誓旦旦跟我们说，这是中国第一个流行曲儿。

她说自己是天马行空的射手，嫁了一个傻白羊的老公，每天睡前的电话粥比我们还要腻歪。

说实话，从她那活泼劲儿上，真没看出来是孩子上了高三的妈。

不过我相信，她在工作的时候一定是一个穿着小高跟儿鞋，叱咤风云的业界巨头，眼神坚毅如炬。

而这一次选择花店时的投入，一如她10年前的选择，从当地最好的医院离职，经营自己的医疗器械公司。

她说，她只是觉得能用自己的专业见证一个行业的发展和巨变，是一件很酷的事情。

02

我们总是会纠结，在现在这个年纪、这个境况再做一次选择的话，是太早还是太晚？

44岁的白晓梅和50岁的Max告诉我们，任何时候，都是最好的年纪。

生命那实在的局限性和渴望突破的冲动，构成了梦想。这种渴望和为之的努力，就是生命的乐趣所在。

所以，没有高潮的人生，该是多么无聊？

你会任由这个世界吃掉你，再吐出来。

在课程结束的前一天晚上，Max做了一组两米高的花“树”。全部完成已经是晚上9点过，我们就围坐在那两棵“树”的下面，灯光有些昏黄，刚刚好能够衬托出离别前夕的隐隐感伤。

Max就在那橘黄色的暖光中跟我们讲，他希望带给我们更多的，是一种情怀和理念。

我们经营一家花店，最重要的不是炫技，而是需要带给我们顾客生活的美好。

生活中难免会有张皇失措和鸡零狗碎，就算扒开一地鸡毛，也一定要让自己看到绽放的鲜花。

03

6天的课程时间过得很快，在结业典礼上，晓梅姐说，“偏见比无知离真理更远”，每次出来学习，都会尽量把自己倒空掉，用空杯和清零的心态接受一切的美好，希望未来的日子能够“捧一束花，坐看夕阳西下。”

最后一天，终于在太阳下山前坐上了回酒店的班车。

4月末的北京天空很高，落日的余晖洒在刚刚发了新芽的树顶和开得无边无际的二月蓝上，仿佛整个世界都被罩上了一层金黄。北方的落日总是能够把整个天空渲染出炽烈的色彩。

每一朵花开都是重逢，每一次相识都是最美的遇见。曾经心中那些引而不发的、如潮汐般你的小冲动，如今正在推动着我不断前行。

正如我最初选择要开一家花店的初衷，希望自己能够留住四季的变换，让更多的人能关注眼前的美好。

就像当下，4月的北京，飞扬的柳絮，头顶吹过的微风，还有此刻正在缓缓落下的太阳。

每到5月蓝花楹盛开的时候，昆明都会被一片片深沉宁静的蓝色所覆盖，而各位爱美爱生活的小姐姐们也都会争相去和蓝花楹合照打卡。尤其是2017年，昆明的蓝花楹还上了抖音热门。在我们花店的二楼，刚好有一个平台可以拍到蓝花楹的树冠，我当然不能放过这么好的天然引流机会，于是就做了这样一篇攻略。

2017
MAY
05.09

这个5月，少女心被满城的蓝色花海俘获

5月，夏至，天气微热到刚好可以穿起最喜欢的连衣裙，一天一根冰棍儿，但风也还是温柔的。

这就是昆明最美好的5月。

而满城的蓝花楹也开得刚刚好，随处都可看到满眼的蓝紫色，连成一片梦境中才能见到的浪漫花海。

蓝花楹是紫葳科蓝花楹属的落叶乔木，树冠高大，最高可达20米。

蓝花楹的花朵成钟形，春天开花的时候，满树挂满了一串串蓝紫色的花朵，近看像极了一个个倒挂着的小风铃。

它的叶片为二回羽状复叶，即使在不开花的时节，光看叶片也足够小清新。

很少有人知道蓝花楹树的果实是什么样子，今天我在拍摄的时候仔细观察了一下，发现在树梢叶丛中间，有一个个扁圆形的木质果颊，浅褐色，直径大约5厘米的样子，样子有点萌。

要不是实在太高够不到，真想带一点以后放在店里做标本。

查到蓝花楹的花语是：在绝望中等待爱情，顿时觉得贴切，虽然“绝望”一词听起来有一丝忧郁，但依然在相信爱情等待爱情，不是吗？

据说蓝花楹本是南半球特有的树种，原产地巴西。

后来，由于其良好的观赏价值被引进国内用于行道树，蓝花楹就是在30年前进入昆明的，目前在全城种植已有上千株。

不过，蓝花楹花期较短，仅1个月左右，而想要留住这蓝色忧郁而宁静的美好，当然是要拿起相机拍拍拍了。

前文也提到，蓝花楹树木较高，怎么拍到“合影”就比较考验技术了。

接下来，就和大家分享几个蓝花楹合照小技巧。

是不是感觉还蛮小清新的？

其实，“生活感”很重要，过马路的当口，身后是车水马龙，头顶是一抹淡淡的蓝紫色，这就是生活该有的样子。

花树永远高高在上，很多人会遗憾没有办法跟蓝花楹的花朵近距离接触，下面照片里我就找到了一个可以和蓝花楹拍“大头贴”的好位置。

是的，站在这个平台上，身旁刚刚好是蓝花楹开得最茂盛的枝丫。

位置就是在我花店的楼上，书林街和铁皮巷交叉口的彩云里，也就是昆明的老橡胶厂，有需要具体地点方位的可以私信我哦。

有时候，还可以稍微变换一下思维，比如从上往下拍。

蓝花楹羽形的叶片，落在马路上的婆娑树影，角落里那一抹淡淡的色彩，还有“20码”的路牌，分分钟变成台湾青春电影。

当然，以这种构图主角45°角向上仰望天空也是极美的。

这次尝试了特别淡的妆面，虽然显得眼睛有点小，但好在成就了这小清新的风格。

另外，以上个人照片全部来自摄影师刘琰同学。

最后，来跟大家推荐一下昆明最适合赏花拍照的路线吧。

欢迎大家把拍的美美的和蓝花楹的合影发给我哦，我会挑选公布在公号里。另外，据说再过两天要变天，所以拍照要趁早哦。

教场中路：最美蓝花楹大道

从学府路口顺教场中路走，一直到二环北路入口一段约2公里的路段上，数百株蓝花楹在这条道路上作为行道树，已形成一条颇具特色的蓝花楹景观林荫大道。

铁皮巷：秒变青春偶像剧女主角

铁皮巷是连接着书林街和巡津街的一条小巷子，马路不宽车辆也不多，周围有两所学校，中午的时候，穿着校服的学生在小巷子里穿梭，映着蓝花楹的一抹蓝紫色，秒变青春剧女主角。

盘龙江边：傍水而开别有韵味

盘龙江边的蓝花楹以油管桥到敷润桥为众，而且全是种在江岸的西侧。选一个清晨沿盘江东岸缓缓步行，能一路欣赏美丽的蓝花楹，舒服极了。阳光从东方打向西岸，紫色的花朵在暖阳下轻轻摇曳，婆婆娑娑，江水潺潺向南流，这个世界美得如同图画。

红锦路：蓝色花朵就在身边

在北市区红锦路片区，蓝花楹不仅整条路上都有，而且周边诸如荷塘月色、月牙塘公园、云南省财经学院内都有蓝花楹种植。在这一片区，市民可直接将车停在附近，漫步在人行道上、或者进入小区里找个休息椅坐下来，静静享受这一方静好。

宝海公园：城市公园里的蓝色花海

宝海公园是昆明市区里最大的城市公园，如果不满足于沿路赏花的话，宝海公园会是最佳选择。

滇池路片区：绿化带中的“蓝雾”

滇池路从广福路下段开始至七公里处的机动车隔离绿化带上，种植着为数不少的蓝花楹，远远看去，花儿也格外美丽，像一片片“蓝雾”。

这是前一个篇章提到过的，我们开店遇到的第一个七夕节的策划。七夕节前，刚好是我们俩在一起的纪念日，所以就用我们俩的爱情故事作为引子，并且在原文的末尾加入了节日打样的花礼款式。

在一起7年，庆幸没有败给七年之痒

2017
AUG
08.24

今天是我和老公在一起7年，结婚5年的纪念日。

之前想了很多，在今天我们要怎么过，要写一篇怎样的文章来纪念一下一起的这7年时光。回望在一起7年的时间，最庆幸的是并没有败给所谓的七年之痒。可能褪去了刚刚在一起时候的心动和甜蜜，但时间沉淀下来的是最醇的回忆。

7年的时间，感觉一晃就过去了。

早上起来的时候，老公说人这一辈子有几个7年呢？除去我们没有相遇的前三个，再加上这一个，差不多也就还有6个七年吧。

每天的琐事的确会将感情磨得平淡，但对彼此的爱和依恋却不会减少。并不会记得所有发生的事情，但有一些情景总会时不时地飘在脑海里。刚刚毕业，每个周末跟一大群朋友一起厮混，相互有点小暧昧又没有说破时候的美好。

第一次“约会”，我们选在了正义坊二楼的一家泰国菜，出门前我超级精心地化妆，穿了一件红色的连衣裙；

第一次一起过圣诞节，刚工作还没有什么积蓄的我买来小圣诞树和小夜灯，在出租屋里精心布置了一番，但甜蜜的话又羞于说出口；

第一次带他回河南老家，我们坐了两天一夜的火车，就那么依偎着看窗外的树影和铁路，心里充满了甜丝丝的满足；

第一次一起去东北过年，飞到北京转火车，在北京零下5℃的大马路上，我俩拉着手吃烤羊肉串；

每次过马路，他都会习惯性地把我挡在右边，然后牵上我的手；

之前的工作经常熬夜加班剪片子，他就会买好奶茶来办公室陪我；

我们俩乐此不疲的游戏是互相弹脑瓜崩儿，在马路上走道儿也会互相“偷袭”；

难得空闲的时候，我们会窝在家里一整天，撸猫逗狗吃薯片和蚕豆，一人一瓶儿乐堡。

慢慢地工作变得忙碌，生活中的烦心事也越来越多，好像我们都渐渐忘了彼此之间最初最单纯喜欢时候的模样。

但我知道，他是个不善于表达的直男，所有的情感都在行动上。

我工作经常需要跑呈贡采访或者去各地拍片，他就充当我们部门的专职司机，就为了能让我在车上多睡一会儿。

和朋友聊天，几句话都不离我们俩。

每次喝多酒的时候，总喜欢拉着我诉衷肠，说这辈子最幸运就是和我遇见。

而现在，为了我的花房，老公已经连续两个月没有在2点以前睡过觉了，大小杂事，都是他在张罗。

是呀，再忙再累，情感也要用心去经营和呵护。

7年了，直到现在，每天晚上睡觉都要抱在一起才能入眠。偶尔失眠的夜晚，看着身旁酣睡的老公，我也会悄悄回忆起我们初初相遇的那些小情事，这样就能带着微笑安然睡去。

这也是我一直没有和老公说起过的。

去年的今天，我正在北京上课学花。老公视频过来，说我们都在一起6年了，今年是第一个纪念日没有在一起过。每天在一起不觉得，分隔两地，有点想我。

前年的今天，我们去看了电影，吃园西路上的烤猪脚和烤豆腐。心满意足得像两个高中生。

三年前的今天，应该是加班到很晚，我们赶着去吃了烧烤喝了啤酒，算是纪念日的庆祝。

四年前的今天，我们在昆明办了婚礼。结婚的前一天晚上，老公紧张到失眠，婚礼上，还是难以免俗地都掉了眼泪。

五年前的今天，我们去西山区民政局领了结婚证。特意早起画了妆，穿着提前做好的情侣T恤，还特正儿八经地找来了部门同事带着摄像机为我们记录整个神圣的过程。

六年前的今天，我们一周年，我把我们俩这一年所有点点滴滴的照片做成了明信片，每一张都写上了想要对他说的话，结果被老公嘲笑说不实在，气哭在出租车上。

七年前的今天，我们确定在一起。那个晚上我们一群朋友在酒吧喝酒，像所有矫情剧集中的情节一样，我喝多了蹲在酒吧洗手间哭，他说怕什么，有我在呢。

是的，这就是我们7年的故事，没有惊天动地没有轰轰烈烈，和所有生活在这个城市中的男男女女一样，有属于我们的甜蜜和争吵，有我们的迷茫和困惑。

但我们一直相信，下一个7年，下下一个7年，还是要黏在一起才能睡着的老夫老妻。

2017
SEP

09.14

每天都有温暖的故事发生在这个温暖的花房

从The Hours创立之初，我们就坚定这里并不是一间只售卖鲜花的花店，而是贩卖所有美好相关的生活方式。开业一个月以来，每天都有温暖的事情发生在这个温暖的花房，于是整理了一部分客人送花的故事，希望能在这个柔软的夜色中，窥见这个城市中最市井的美好。

01 我希望妈妈收到花的时候像个小女孩

这是最近订花的客人中给我印象最深的一位。

小女孩在国外读书，想要在妈妈生日的当天给妈妈送一束花。

提前一周小妹妹就在微信上联系我，她说，有没有带粉红色玫瑰花的，她想给妈妈订一束浪漫一点的，小女孩一点的。

她说，妈妈可能没有收到过玫瑰花吧，想让她收一次。

末了，小姑娘又说，“姐姐可以把花束尽量做大一些吗？我想要妈妈收到花的时候像个小女孩一样。”

这么温暖的要求，我当然要满足。

这是我帮她设计的花束，粉色的荔枝玫瑰，加上轻盈的圆叶尤加利，满满的少女心。

为了给妈妈惊喜，她提前并没有和妈妈说要送花。问了妈妈下午一点要出去开会，她就请我12：50左右把花送过去，要妈妈带着花满世界的跑。

都说女儿是妈妈的小棉袄，能够这么用心为妈妈准备一份生日礼物，真的很暖心。

妈妈收到花的时候，笑得有些羞涩，但从眼神中，我看到了一个小姑娘。

02 20岁，是你的黄金时代

这位可以说是撩妹十级选手。

今天刚好是他女友20岁生日，提前两周就找我预定好了花束的款式，写好了要写给女友的情话。

“与小公主同度的第一个生日，

双十年华，20岁，你一生的黄金时代。

想爱，想吃，想变成天上忽明忽暗的云。

想来除了祝愿你平安喜乐，得偿所愿，并不需要太多额外的期许。

但这还不够，我要感谢你到来这个世界，也要感谢以往十九年我未能参与的日子。

感谢时间成就了你，你不是通往幸福的道路或对象。

你是，你是幸福本身。”

简直看得心里麻酥酥。

一大早包好花，亲自送到小仙女的办公室，手把手传递这温暖的幸福。

下面再来看看他七夕节的情书。

“这不是我写给公司、品牌、客户的文案这是我
只为你也只能为你写出的文字。
物理学的双缝光学实验里，
两束光在重叠一起的时候，
将会发生颤栗
所以有时我想，灵魂是一束光，
当相遇之时便是不可思议的变量
我当然清楚你的年轻，不成熟，
古灵精怪，忽明忽暗
未来的你也将苍老，白头，不复鲜活，垂垂暮年
但我要说我爱你，全部，始终，依然，永远
因你我灵魂的相通，超越一切时间与空间
我要和你站在一起，如同光并列在一起
我的灵魂伴侣，我的生命之光，
我的小卿卿，我的平地摔小公主
余生，请多多指教”

简直教科书级别。

在这儿也要发给别的男士学习一下呀，这把狗粮，我们姑娘吃得心服口服。

03 我也想送一束花给他

你赢我陪你君临天下，
你输我陪你东山再起；
你愁我陪你醉酒天涯，
你退我陪你四海为家。

写下这四句话给我的时候，虽然隔着屏幕，但还是能感觉出来手机那头的女生有点谨慎。

挑定了款式，末了，她又交代说，花束的包装一定帮我选素雅深沉一点的，不要太花哨，我怕太抢眼。

这是七夕节前夕来订花送给男朋友的一个女孩，我在心底浅浅地微笑，想着屏幕那头未谋面的是一个怎样的姑娘。

我欣赏所有性情的、勇敢的、无所畏惧的女孩，总觉得生活就是要活成肆无忌惮的样子才叫痛快。

所以这束花我们没有选择人人快递，是我们店的咖啡师带着花艺师亲自配送。

到了男孩楼下，我们打电话上去，说有姑娘定了一束花送你。

男孩穿着拖鞋跑着下楼，看到我们后抓抓头发，语气嗔怪但明显嘴角带笑的说，哎呀，她们女孩子，就喜欢搞这些事情。

说罢，看着花的眼神里流露出的是满满的幸福。

我想，我就是恋爱最好的模样吧。

04 结婚纪念日，人回不来，但心要回来

这是之前在媒体工作时候结实的一位老师。

结婚纪念日的前一天，微信跟我定了鲜花的款式，交代第二天一定要送到家里。

他的卡片内容是：相依相伴，相爱相守，到永远。

我说，好甜好美，想写在公号里。

他说，2005年结婚到现在，12年了。

他又说，我远在湖南，这一天人回不来，心也得回来呀。

这简单一句话，竟看得我眼眶湿湿的。

是呀，感情是需要经营的，到老你都应该是我心里最温柔的宝贝，我都应该是为你扛起生活风雨的英雄。

我说，你跟我说说你们的故事吧，一点小日常，一些小情话之类的。

他说，我也总结不来，就这么一路走过来了，有很心酸的时候，也有很幸福的时刻，人生不就是这样吗？

05 这是我这辈子第一次送花给男朋友

也是姑娘送给男朋友，也是提前一周就早早张罗。

她说看了我们给吴京做的那束花找到了灵感，觉得女生也是可以送花给男生的。

下个周三男朋友生日，想要送他一束特别的。

我为她设计了一款白色帝王和针垫作为主花的花束，繁茂的龟背竹还有向上生长的龙柳枝干。

当天，她开完了公司上午的会，专程开车来花房拿花。

她在卡片上写，“我的大鑫宝：生日快乐！”

拿着花束，笑得像个孩子。

开花房的初衷就是想，就算离开了媒体，依然可以换一种方式成为这个城市的旁观者和记录者。

每天都有温暖的故事发生在这个温暖的城市。

谢谢你们，让我看到。

这是我辞职之后的第一个记者节，也是第一个不再是记者的记者节，那个晚上百般滋味涌上心头，最终还是决定写下点什么。

人活着，总要信仰点什么

2017
NOV
11.08

今天本来是要发周末花艺课的预告，但早上起来翻看朋友圈，突然想起今天是记者节，还是觉得应该写写情怀。

中午的时候在朋友圈发了感叹，以前的同事发来一张那会儿的采访花絮照片，附文说，记者节送图。

顿时感慨万千，这么多年工作中的一幕幕喷涌而来。

毕业以来，今年是第一次不用过记者节，但我依然怀念那些奔走的日子，并万分珍视那份职业所带给我的宝贵财富，无论走到哪里都受用终身。

一直到现在，最自豪的事情就是在别人问起我以前职业的时候，浅笑又淡然的说出“记者”两个字。

想起刚刚毕业那会儿，怀揣着新闻理想的我一心想要进媒体单位工作，收入待遇根本不在考虑范围之内。

第一次接到独立采访任务，前一天在出租屋里查找背景资料整理采访提纲到深夜，梦里还在一遍一遍过着要提的问题；第一次上直播，准备了满满5页纸，导演倒计时的时候表面上笑容职业其实桌子底下腿都是抖的；第一次主导做长专题，和小伙伴们加班到凌晨，在办公室沙发上对付一晚上了事。

睡过最简陋的房间是去采访护林员杨金山。

从昆明出发开车2个小时到达半山腰，再背着设备徒步半个小时到达山顶。在山顶拍摄整整三天，没有自来水，只能用过滤的雨水洗漱；在云南雨季的深夜缩在地板的睡袋里冻得发抖，还要担心有没有大蜘蛛或者别的虫子爬进衣服。拍摄淋雨又出汗，三天下山来整个人是馊臭的味道。

唯一一次占领微信运动封面是去采访中国——南亚博览会，微信计步器里显示一共走了20公里。2015年“南博会”在新的滇池会展中心举办，我们用将近1万个镜头做了一条刷爆朋友圈的超级酷炫视频。而为了在一天之内拍摄到那些素材，我们在整个场馆内背着将近10斤重的拍摄器材来来回回的走，回到办公室连夜通宵剪辑。第二天中午交完片走出办公室的时候才发觉大腿骨头都在痛。

虽然现在离开了媒体行业，我依然记得做《昆明好人》专题采访拍摄的时候镜头下那一个个新闻人物所带给我内心的震慑与洗涤；记得凌晨3点钟的街道上清洁工人扫把划过地面的哗哗声；记得在新闻中心门口渴望帮助的受害者渴望又胆怯的眼神。

有人说如果没点儿信念是不配做记者的。

如今脱下记者证，离开新闻中心大楼，摇身变成了“花房姑娘”，但骨子里的那点小倔强却怎么也抹不去。比如爱多管闲事，见到不公正的事件就忍不住要多说几句，比如总有着最初悲天悯人的心觉得依靠自己的力量可以让世界更好一点，比如在生活里更愿意做一个倾听者。

现在自己创业做花店，很多朋友都说羡慕我如今的生活，像极了那句话，生活在别处。

我想说的是，在哪里生活都是一样的，没什么生活在别处。

地铁上带着眼镜穿着职业套装的小姑娘在挂了电话的时候一个人悄悄哭得隐忍；东寺街那棵大树下面两个花白胡子老头对坐着看一下午人来人往；满大街都是行色匆匆又毫无目的的人群。

社会的发展和进步只是一个概念，我们一代代其实都过着相似的生活，而能够决定你悲欢的就是你自己。

记得之前柴静《看见》那本书里的一句话很打动我，她说“死亡不可怕，可怕的是无意识，那才相当于死。”

任何时候，我们都不能丧失思考以及自省的能力。

记者，记着！

感谢记者这份职业，教会我独立思考的能力，努力拼搏的精神，以及最最宝贵的内心的信仰。

《无问西东》电影上映的时候，找了个下午带同事们去看了影片，回来写下了这篇观影笔记，算是对日常生活感悟的记录。

2018
JAN
01.16

无问西东：愿我们在任何时代下，都不要放弃做一个内心高贵的人

如果提前了解了你们要面对的人生，不知你们是否还会有勇气前来？

今天下午翘班，和花店的小伙伴一起去看了《无问西东》，整个影片下来，最能打动我的就是各个年代主人公所透露出的高贵感。

就电影本身而言，导演想要表达的东西太多，情节上也有许多未能尽善尽美的地方，但今天我不想说剧情，只想谈感受。

铁皮屋顶，静坐听雨

《无问西东》中主线四段故事中的其一就是发生在昆明的西南联大时期，所以让生活在昆明的人更加有感同身受的感觉。

第一次感觉到"高贵"是在西南联大教室里，屋外大雨瓢泼，雨点砸在教师的铁皮屋顶上，声音吵杂根本听不到老师的讲课内容。

当教书先生身子淋着漏雨，在黑板上写下"静坐听雨"四个大字的时候，脸上透露出的神态就是"高贵"。这种气质和所处的环境无关，身在漏雨的茅草教室之下，但我们就是能生生的感受到内心的丰盈与富足。

这个时候，王力宏饰演的沈光耀打开身边的窗子，操场上是体育老师正带着另外一个班的学生们在雨中跑步。

可能正是因为真实，所以才能打动人心。据说"静坐听雨"确有其事。

在西南联大这个时空中，有大量师生一边与环境作斗争，一边躲避敌机的画面，画面中那前无古人后无来者的铁皮校舍，由梁思成、林徽因夫妇设计。1938年1月，到达昆明的梁林夫妇应清华校长梅贻琦之邀，给西南联大设计校舍。没钱没材料，设计方案一改再改，校舍从高楼成了平房，砖墙成了土墙。

觉得委屈的梁思成冲到梅贻琦面前，砸下第五稿设计图，说："你们知不知道农民盖一幢茅草房要多少木料？而你给的木料连盖一幢标准的茅草房都不够！"梅贻琦回答，正是如此，才需要土木工程系的老师想办法。最后，124亩的校园里，只有图书馆和实验室能用青瓦做顶，教室用铁皮，至于宿舍就是茅草了。

电影里，同学们因为雨声太大而听不清老师讲课，老师只好在黑板上写下四个字：静坐听雨，桥段出自西南联大法商学院教授陈岱孙。

内心高贵是时代的风骨

就像网上影评人说的一样，高贵感在20年代北平和西南联大的校舍里最为突出，无论是校长、老师，还是学生，身上那些迷人的书卷气息让我着迷。

陈楚生扮演的吴岭澜，当时正处在人生方向的迷茫期，清华校长梅贻琦先生对他谆谆的引导，是民国该有的大知识分子的样子。而吴岭澜这个人物再延续到西南联大时期，用自己的经历去引导学生，在听闻泰戈尔去世的消息时，眼看家国破败，默念起泰戈尔的诗歌，就是高贵。

另外一个人物主线是王力宏饰演的名门公子沈光耀，其人物原型是清华学生沈崇诲，1932年在清华大学毕业不久后弃笔投戎，牺牲时27岁。

王力宏一出场就是带着光环的，帅得让人挪不开眼睛：来自广东的富家子，在最好的物质和最好的教育环境中长大，文武双全。米雪饰演的妈妈也是优雅又高贵，但没有一点儿炫耀，她的气质和家族良好的家风，成就了沈公子如此完美的形象。

其实从沈光耀决定参加空军的时候，我们就能够预料到他必定牺牲的结局，但无论段落结尾那两碗冰糖莲子银耳羹煽情的多么刻意，我们还是会跟着流下眼泪。

这个段落的中心思想是空军教练在招考时候说的那段话，"这个世界缺的不是完美的人，缺的是从自己心底里给出的，真心、正义、无畏和同情。"

电影结尾的彩蛋着实精彩，我们会发现整个20年代和西南联大时期，每一个故事场景的背景中都隐藏着不得了的大人物。

梁思成、林徽因、徐志摩、梁启超、王国维、孙立人、冯友兰、钱穆、蒋梦麟、杨振宁、沈从文、朱自清、钱锺书、华罗庚、闻一多、邓稼先……电影画面一屏一屏地过，内心的震撼感愈发强烈，那是一个多么熠熠生辉的时代，一下子明白了为什么1938年乱世如麻，铁皮屋下仍有静坐听雨的心境，山沟里仍有因陋就简的课堂；更会了

然整个影片所想要传达给我们的理想、气节、奋斗，以及真心。

章子怡和黄晓明所饰演的那个年代，虽然是虚构的人物，且以爱情为圆心，但我们依然可以从人物的眼睛里看得到想要与时代抗衡的真心。

在电影的人物身上，我所看到的高贵不是拥有的物质财富，是不炫耀，不骄纵，是内里的丰盈、独立，是面对世界的真诚、热爱、初心，是珍视世间的一切美好，是对真理的追求，是对心灵秩序不计代价的维护。

相比较而言，我们当今的生活，简直廉价得可怜。

在没有大师的时代，听从我心，无问西东

“如果提前了解了你们要面对的人生，不知你们是否还会有勇气前来？”

这是电影开场和结尾反复出现的问句，没有答案，甚至细细想来让人有些内心惶恐。

总会觉得当今世界太快了，网络上的热词一波接着一波，快到热搜里每天都会有不同的关键字。过了年你将不再惦记北京某幼儿园性侵事件的真相到底是什么，可能现在你已经忘了两个月前关注江歌案件时候爆棚的正义感，还在关注天津爆炸案的人更是没有几个。

这个时代就是这样快。

罗振宇在跨年演讲上不停地强调着速度和变革，他说如果你不拼命奔跑，想要留在原地都是困难的。这个快速发展的时代给了我们太多的焦虑感 。

但真的需要这样吗？

都说这是一个没有大师的时代，我们每天在追赶的东西有太多太多，可究竟有多少能过够在时间和历史的洪流中存留下来呢？在影片结尾的大师名录中，到了60年代就戛然而止，到了现代段落，清华校园里出现的是奶茶妹妹章泽天。

最近在微信公号里取关了“逻辑思维”，重新拾起书本和诗歌，只求在时代快速前进的洪流中不要迷失自我。祖峰扮演的梅贻琦校长在为吴岭澜解释什么是真实的时候这么说：“你想什么，听什么，做什么，和谁在一起，如果有一种从心灵深处满溢出来的，不懊恼也不羞耻的喜悦与平和，这就是真实。”

回望当下，又有多少人在遵循自己内心而活呢？

在电影的结尾，有一段张震的独白，被很多影评人批评为猛灌鸡汤，但细细看下来，也不无值得深思的地方。

“看到和听到的，经常会令你们沮丧。世俗是这样强大，强大到生不出改变他们的念头来。

可是如果有机会提前了解了你们的人生，知道青春也不过只有这些日子，不知你们是否还会在意那些世俗希望你们在意的事情？

比如占有多少，才更荣耀；拥有什么，才能被爱。

等你们长大，你们因绿芽冒出土地而喜悦，会对初升的朝阳欢呼跳跃，也会给别人善意和温暖，但是却会在赞美别的生命的同时，常常、甚至永远地忘了自己的珍贵。

愿你在被打击时，记起你的珍贵，抵抗恶意；愿你在迷茫时，坚信你的珍贵，爱你所爱，行你所行，听从你心，无问西东。”

愿我们在时代的洪流中，都能够听从我心，无问西东。

《平如美棠 我俩的故事》这是我个人非常非常喜欢的一本书，其实书早就看过，而这篇读书笔记也是在多年前就写下的旧文，在2018年情人节前夕，我用一本书来引出节日的预订，既是我自己的情感输出，又完成了品牌宣传。

2018 FEB 02.06

隔了一个世纪来爱你

——本期荐读《平如美棠 我俩的故事》

昨天，我们公号发布了征集你身边的爱情故事的活动：昆明模范夫妻召集行动——时间改变了容颜，却无法改变爱你的心。

留言区域以及后台收到了好多温暖的故事，感谢大家的投稿，随后会在公号上为大家做分享。

今天，想给大家讲两位老人的爱情故事。

他87岁时，患有老年痴呆的妻子离世。“相思始觉海非深”，这诗句中的情谊就这样硬生生地砸下来。

90岁，他重新拿起画笔，开始学习画画，将脑中关于她的画面一一画下。

他们父母是世交，念及8岁时和她无意间的初次相见，他写道“此情可待成追忆，只是当时我们各自是像梦沉酣的天真岁月，相逢也是惘然”。

他花了整整一个章节来描绘他们还未相遇时她的童年生活，好似他们生来就是为了彼此相遇携手这一生一般。

他凭着记忆画下少女时的她，定亲那天，她开一扇窗，借着天色点绛唇，那一抹红，艳丽而温暖。

这隔着岁月的凝视，更显出绞心的思念。

订了亲，他的假期也结束，他要返回军营。

第一次分离，画面上的他穿着姜黄色的军装站在九江开往镇江的轮船甲板上，背影挺拔伟岸，苍茫江水滚滚而去。

行军打仗，枪林弹雨里穿梭过无数次，他曾坦然地想，葬身于此也不算差。

但如今不同了，“在遇到她以前我不怕死，不惧远行，也不曾忧虑悠长岁月，现在却从未如此真切过地思虑起将来。”

最打动我的是一幅小小的结婚图画。

一人穿着姜黄色军装，一人着纯白婚纱，站在礼堂门外合影。

虽然只有简单的线条，但依然能辨出年轻俊俏的脸庞，和对于新生活的无限憧憬。

他说，原照片已损毁，但脑海中的记忆犹存。

我相信，当时的光影，一定一模一样。

随后，迫于生计，两人携手一路从家经徐州、临川、樟树镇、柳州，最终到贵阳。

两人去“空军俱乐部”听歌跳舞，在路边买香脆的梨子分食，发现好吃的油条，最爱吃的零食之一是街边的烤玉米，第一次动手做肉圆子，第一次争吵……

这一个个小小的细节，都被老人惟妙惟肖地呈现在书中，他说“对于我们平凡人而言，生命中许多微细小事，并没有什么特别缘故地就在心深处留下印记，天长日久便成为弥足珍贵的回忆。”

他在书中将这一章节命名为“携手游”，我想，这是二人这一生最幸福甜蜜的时光了吧，年纪尚轻，不知世事的忧愁烦虑，更不知道，他们还将面临长达22年的分离。

后来碰上了特殊的历史时期，由于他曾是国民党将领，被迫赴安徽劳教，从此开始了和家人22年的分离，那是1958年9月28日。

“家计陡转直下。动荡的年代，五个孩子正要度过他们人生中最重要的青春期，长大成人、读书学艺、上山下乡、工作恋爱。岳母日渐年高，所谓母老家贫子幼，家中无一事不是美棠倾力操持。美棠和我眼看身边太多家庭妻离子散亲人反目家破人亡，但幸我们从没有起过一丝放弃的念头。”

单位上有人把她叫去，说必须和他“划清界限”，她并不理会，说“你要是搞婚外情，我早就跟你离婚了……可你又不是汉奸卖国贼，不是贪污腐化，不是偷窃扒拿，你什么都不是，我为什么要跟你离婚？！”

就这样，22年两地分居的生活开始了。

我不知道有多少人可以经受得住这岁月的动荡和时空的磨砺，但他们就这样靠着从不间断的书信坚持下来了。

他独自一人，她亦须背负生活的重担，甚至到上海自然博物馆搬水泥。

一袋水泥五十斤重，是要有多么坚韧的心才能扛得起？

在柴静的采访手记中她说到，老人在妻子过世后，时常一个人到上海自然博物馆门口的台阶上坐着，他不知道哪块台阶是由妻子背的水泥砌成的。

苍凉之情顿升心头。

一家人每年最开心的时候就是过年回家，她会提早告诉他需要准备些什么上海不好买，或是比较贵的东西回来。

他也早早准备，先请假，再借钱，每次都会尽量多带些，为着给家人一些欣喜。图画中，他肩挑着一根长长的扁担，扁担两头是重重的年货，大汗淋漓。我想，彼时他的心，一定是装满着幸福和期盼的。还有一个细节柴静博客中记了，但书中并未提起，她省下钱给他寄去糖块，他就放在枕头下面，一天含一块，可以吃半个月。

在这最艰难的岁月中他一直坚信，“冬天正要迈入它最冷的日子，那么离春天也不再远了。”

后来，一家人终得团聚，过了些安稳幸福的晚年生活。

但渐渐的，她病情加重，开始搞不清楚状况，一别22年时候都没有倒下的他终于忍不住坐在地上放声大哭，心中涌起从未有过的孤独。

他叫饶平如，曾经是国民党黄埔军校十八期学员，参加过抗战。

她叫毛美棠，是他的妻子，五个孩子的母亲。

结尾的书信集收录了两人分别的22年间美棠的部分信件，几乎全是柴米油盐，诉说时运不济，家底又太弱，怎样盘算着用拮据的工资度过一日又一日的生活，“去年国宾也讲想买件绒线衫。想想孩子们也真苦，绒线衫本来不稀奇，可是就是买不起……”

同时，也万分关切丈夫的生活，担心他吃不好，穿不好，身体亏空，“这次回上海你再带一条棉絮去，你的一条旧的去弹一弹和床一样大小的垫絮，这样就不冷了。你不能这样一直苦撑下去。”“你下月要寄25元来，不行。你又没钱买东西吃了。我们这儿想办法吧，你仍寄20，你自己身体要紧。”

分别了十多年，谈及以后的生活，美棠有自己的憧憬：“我总是想，等我退休了，我到你处来住一个时期。我们辛苦了这些年也应该休息休息了，但假使身体不好就没意思，一天到晚病病痛痛多难过。我们身体好，没病痛，老了大家一起出去走走，看看电影，买点吃吃，多好……”

朴素的生活纪实，但在字里行间依然能够感受到浓浓的亲情，夫妻间的，爸爸和孩子们之间的，并没有因为一年仅一次的见面而变得生疏，我想，这多是美棠在家教育的功劳吧。

平如一人在外工作生活固然辛苦，但一个女人带着5个孩子的生活也不会好到哪里去。

年月如此动荡，更显出人情的珍贵。半个世纪之后的凝视，隔了时光的蹉跎，揉了一世的交融，沉淀下最深沉的思念。

其实这也是节日的营销策划，七夕节，做了爱情中那些打动你的小事线上征集，也收获了很多的甜蜜动人瞬间。

爱情实验室：一年之约到了，你还爱我吗？

2018 MAY 05.20

去年的“520”，我们做了一场主题为“明年，你还爱我吗”的主题活动。

征集情侣甜腻的爱情故事，然后定下一年之约。

如果彼时你们还在一起，就会收到我送出的专属定制花礼。

去年共征集到了7对情侣的故事，今年“520”前夕，我一个个联系了她们，其中两对已经结婚，其余的也依然在一起。

很开心地读了他们的故事，现在想分享给大家听。

故事一：希望白头时陪在身边的那个人，还是我们十多岁时爱上的少年

去年的故事——

2010年5月20号至2017年5月20号，千言万语却不知道先说哪一句，故事很多却不知道该从哪里说起。

从一起爬树摘桑葚吗？

还是高考前帮我补物理？

或者是两个人默默地一起看星星？

最美的情话不是我喜欢你，是我发现我越来越喜欢你了。

故事一中7年校园爱情的两位主人公

故事二中相识于伦敦的两位主人公

又是“5.20”，7年前化学晚自习上你表了白，7年后纪念日快乐！I love you。

今年的故事——

谢谢黎嫒姐的活动，让我又有故事说，又有花拿。

2010年5月20号至2018年5月20号，8年的时光，都从青葱到葱白了吧。

时间越长越发是不知道要写啥了，

甜蜜的情话上次说是半年前吧，

宝贝这样的昵称上次听也是一年前吧，

小吵小闹却是前天才发生的事。

昨天两个人也不知道吃啥了，一直臭屁不断，我臭你你臭我，互相嘲笑对方更臭一点都能笑一晚上，笑得肚子疼，没有花前月下，没有浪漫唯美，没有尴尬没有沮丧，这只是个有味道的小故事，这个小故事也是我的爱情。

知乎上说一段好的恋情是这世上多了一个你可以和他分享一切的人，那分享“屁”大概也算的吧。

本来想写的文风是“愿有岁月可回首，且以深情共白头”，结果写成这个味道了，那就这样吧，也祝大家都幸福。

故事二：他会在伦敦街头牵起我的手，怕我冲散在拥挤的人流

去年的故事——

其实我和“男票”的相遇还挺扯的， 就是网友。

当时初到国外的我总希望可以多认识一些朋友， 于是会在社交网络认识一些外国朋友，但由于语言障碍，他错把我拒绝见面的信息理解错了，最终我只好硬着头皮去见了他。

我曾经在去见他的路上想象到过无数种可怕的场景，但在经过第一次的相处后，他给我留下了不错的印象，在经过了三个月的了解和相处后，最终我们走到了一起。

在这三个月里，他会在我每次抱怨自己很胖的时候告诉我他觉得我不胖；会在我需要帮助的时候竭尽所能地帮助我；会在拥挤的伦敦街头牵过我的手怕我和他被人群冲散。

在这三个月里，我喜欢他会私下偷偷学习中文，然后在我们聊天的时候突然对我冒出几个中文单词；

我喜欢看他每次狼吞虎咽的边吃我做的中国菜边抱怨英国的黑暗料理；

我还喜欢他每天晚上都要和我视频以后才能睡觉的孩子气。

他说过他很喜欢我的贴心，和对他细心的照顾，希望以后我们可以克服文化差异，让我可以再照顾你更久一些。

最后我还想对他说，Andrew, you are the best part in my life。

今年的他们，没有被文化差异和距离打败——

北京时间2018年5月18日 20：43，伦敦时间2018年5月18日13：44，即使天各一方的我们现在仍然隔着屏幕有说有笑，贫嘴逗乐，心里依然深爱着彼此。

这一年，我们经历了很多，欢笑，照顾，别离，重逢，思念；也是在这一年里，我们学着去更细心的照顾彼此，更多地为对方改变。

你想吃螃蟹，我便买了螃蟹亲自下厨做给你吃；怕你中午没时间去好好吃饭，我会在每次见你的时候为你准备好第二天的午餐带到公司去。我总抱怨你不够浪漫，其实你也都记在心里，于是你偷偷攒钱开始为我置办首饰，偷偷学习中文只是为了再给我的生日贺卡上写下生日快乐几个字。

从来不哭的你在机场送我回国时哭成了泪人；而当我回到英国时看到的是一个欢呼雀跃的小孩手里捧着鲜花飞奔向我，然后相拥再一次流泪。虽然我经常会对我们的感情不自信，但是你总是会深情地望着我说不敢相信你自己

是如此的爱我，用坚定地眼神和语气告诉我我们一定可以走到最后，然后告诉我你最想做的事就是牵着我的手去旅行，向全世界展示我是你的女朋友。

谢谢你让我在宠溺中慢慢懂得了一个道理：爱情不分国籍，感情其实最重要的就是要学会信任和包容。

现在的你在我眼里或许还是一个不够成熟的大宝贝，渴望我的关注，希望我可以照顾你的生活，但因为你给了我足够的宠爱，我愿意在爱里等着你，陪你慢慢成熟。

亲爱的，虽然I love you和“么么哒”早已成为我们的日常，但我还是想在这里祝你“520”生日快乐，我会一直爱你。

故事三：幸好没有错过你

去年的故事——

高中校友，男朋友篮球队长一枚，然而我依旧不知道他。

从高中默默关注我到大学，刚好我们两个都是成都上的大学，偶然因为工作的关系联系到我，然后在成都IFS第一次见面，约了下午茶闲聊。

这货从我在昆明云南日报实习完，天天固定晚上10点煲电话粥，坚持了一年，而且那段时间天天送花。

生日从成都飞昆明来见了我，不知道怎么也就见了我爸妈。

过年回家，陪我蹦极，各种撒欢儿。身边的朋友，上至长辈下至弟弟妹妹，全被他搞定开始向着他。

最难忘的应该就是2016年2月12日陪我蹦极那一天，212对我而言是一个很特殊的数字，谁知道蹦极那天刚好是2月12日，于是那一天答应做他女朋友。

很多事情就是说不清道不明，两个人在一起会莫名的感觉默契、幸运。

在追我的时候，他从200斤减到了160斤，所以我才会叫他胖娃，哈哈。

虽然长得不帅，但是很man 有责任有担当，对我一百个顺从。虽然经常互怼，但是都很将就我。

其实在他之前，我刚结束了7年的初恋，有对比才会觉得，跟他在一起就是所谓的缘分，命中注定的。

今年，幸福就是一起吃胖——

过了一年，互怼越来越多，没见少。

有过严重的冲突，每次我都不依不饶，你有迁就也有暴发，有过一些相互的“伤害”，但是最后……依然是惯着我，忍着我。

你越来越胖，可能两个人在一起之后幸福安逸。没有了情感的担心，却多了一些未来男人的担当，明明你还和我一样大小，却比我顾得周全。

我依然是那个不依不饶、任性的女孩儿，你依然是那个高高壮壮保护我的男孩儿。

我在你面前从来不会服软，很少情话，老是“diss”对方，但你也享受着我和拌嘴的乐趣，看我无可奈何的样子。

生活里我们从去年的二胖，迎来了三胖，如今又即将拥有四仔。家族成员越来越壮大，我们的生活很多拌嘴摩擦，但最后的目的都是相同的，想要一直一直地生活在一起。

故事三中从高中就相识的两位主人公

其实这也是节日的营销策划，“七夕节，做了爱情中哪些打动你的小事”线上征集，也收获了很多甜蜜动人瞬间。

关于爱情的100件小事

2018
AUG
08.02

“最初是我追的他，花了6个月的时间搞定了他身边所有的领导同事，但依然没有实质进展。那天我决定放下并且递交了辞职申请准备去往深圳发展，而他正在贵州出差。接到他的电话：‘恭喜你有男朋友了，留下来好吗？’火速要回辞职信并且连夜坐飞机去贵州确定关系，先拿下再说。”

“有一次因为工作的事情心情极差，下班后他约我看电影散心，喂我吃爆米花的时候在黑暗里偷偷亲了我一口。原来‘工科狗’暖起来会有这么甜。”

“那个时候我还在读书，他已经工作了，我们经常晚上和一群朋友去酒吧玩。当时学校离城区很远，拖到快回不去宿舍的时候，我们会假惺惺的打车，当然没司机愿意。我们就开着车到滇池旁的公路边，坐在车上聊天，打开天窗看星星。水边的蚊子那叫一个多，两个人都被咬得不行了还要硬撑着享受浪漫的夜晚。白天回到宿舍，最多的一次腿上有三十多个包，可到现在我还觉得，那时候的星空是我所见过最美的。”

“在一起两年半，每天早上要亲我一下，下班回家要抱我一下。昨天晚上居然少了这个环节，生气！哄了一晚上，哄不好！第二天早上起床他准备去上班，我说要去上厕所，他小心翼翼地说，先别去，让我亲一下呗，我上班要迟到了。嘤嘤嘤，火气马上烟消云散。”

“还没有确定关系，有一次晚上准备分开，当时并没有到很冷的天气，可他坚持脱下外套给我让我穿回去。后来说起这件事，他说，这样才能借着让你还衣服的名义快点见到你呀！”

“‘每天早上醒来，看到阳光和你都在，这就是幸福。’以前看到这句话觉得真他妈矫情，直到遇到你。”

我时常在想，当我们老了的时候，到底什么才是值得我们坐在摇椅上慢慢回味的呢？

与第一次约会的怦然心动，告白时候的语无伦次，走入婚姻殿堂时忐忑的甜蜜相比，更容易打动我们的可能是细碎生活中的一件件小事吧。这一生的日子何其悠长，似水年华，那么多个平淡的日子中，这一件件温暖的小事像一粒粒闪光的珍珠，亦像是浩瀚苍穹的点点星光，让我们回望过去以及面向未来的时候，都有继续前行的勇气。

面对这个无聊又糟糕的世界，我一个人的勇气是不够用的，可是如果你在，那就够了。

我们用以上的留言案例作为引子，引出了这次活动。

征集活动：这个七夕节，The Hours时时刻刻 想要征集恋爱中的100件温暖的小事，大家可以直接在推文下留言，所有留言我们都会在下一期推文中进行展播，并且会挑选出10对情侣（爱人）赠送七夕红玫瑰花礼一份。

以下是当时公众号推文里读者的留言，我也摘录一些下来：

是梨衣吖：

说起来与蒋先生恋爱一年多了，从来没觉得腻。似乎每天都处于热恋期，出门逛街一定会手牵手，每天的早安晚安从不曾缺少。当然也会有小吵小闹，但他从来都是让着我，耐心地等我发完脾气，再带我吃好吃的哄我开心。 我是个比较喜欢生活里有仪式感的人，尤其是爱情。 对此，他真的比我用心很多很多。为了给我惊喜偷偷熬夜亲手做的小房子，他告诉我，以后也要给我一个这样的家。会在情人节的时候给我画像，至今我都把它放在一进家就能看到的地方。我很喜欢五月天，哪怕他喜欢的是周杰伦，也在今年带我去看了五月天的演唱会，实现我当一颗星星的梦想。 我想，蒋先生大概是会什么魔法吧，能让下雨天变得浪漫，能使睡梦因一句晚安而香甜，能把所有的戾气安抚成温柔，能将我的胆怯化作奔向他的一往无前。 今年想在这个七夕对蒋先生说：“在没遇到你之前，我都没想过结婚，但是在遇到你之后，结婚这件事，我就没想过别人。我想牵你的手，敬各方来宾的酒。”

卡小姐：

“ 我可以陪你熬夜也会劝你早睡，但最好的状态是我们一起睡 ”。

王若玥：

那个时候他在创业，没日没夜都在工作，每次约会都是在半夜，朝九晚六的我下班之后健身洗澡然后立即睡下，十一点半的闹铃一响，我又立马跳起来化妆穿衣服出门赴他十二点的约会，一起看夜场电影吃烤串然后回家，第二天仍然七点起床精神抖擞地去上班，几乎每天如此。那时候的爱情，就是这样简单，再累也只记得一起待到半夜的中关村创业大厦的灯火，明亮又充满希望。

Zephyr:

以前我很反对相亲，觉得这根本不是我这个年纪做的事情。却又碍于我妈老催我，我便草草答应了。第一次见面，是个周六，我心想，这人怎么穿个绒裤就来了（实际上是一条比较宽松的棉质地的休闲裤子）。后来林志文告诉我那天他刚点了碗面条，突发奇想提出见面，毕竟是中午，我还在上班，没想到我会答应，收到我的微信，丢下筷子就跑过来了。那时候以为他是个毛毛躁躁的人，之后的几次见面不知怎么的就觉得他是个很特别的人，明明比我大八岁，却经常会害羞；会因为我给他剥瓜子吃而红了眼眶；会每天提醒我吃午饭，跟我说晚安和我爱你。马上我们就结婚一周年了，谢谢你给我带来的开心、担心和安心。

列缺（后来知道是楼上网友的老公）：

我和我老婆是通过长辈认识的，聊过之后觉得是可以见一见的，恰好有一天我觉得自己剃了一个不错的头，那天出场胜算可能会大一点，于是问她要不要一起吃午饭但一直没有回复。不回微信无非就是两种情况：1.不来电不想出门 2.没洗头不敢出门。于是我在家门口买了一碗米线。 几乎是我拿起筷子的同时收到回复，她说：“好啊好啊。”是的，她是一个不太会按常理出牌的女生。不过那天我果断倒掉了那碗米线，第一时间奔赴现场。 至于说那天吃了什么，现在我已经记不得了，但是我记得那天她穿了一双很高的高跟鞋。不过后来据她说她印象最深的是我穿了一条灰色秋裤来约会，但是发型很有型。我觉得我那天我的选择堪称完美。 我老婆比我小八岁，当时我想：好了，就当先学习带孩子吧！然而之后，我发现事实恰恰相反。 从我们在一起的那天她就逐渐接管了我的一切，一开始是悄无声息的，后来是大张旗鼓的，在和我老婆相处的过程中，我慢慢变成了一个 80 后的老男孩，而后逐渐沦为80后巨婴——她安排好了我们家该装修成什么风格，安排好了我们吃番茄炒鸡蛋还是萝卜炖排骨，安排好了我们过马路是翻越围栏还是走斑马线，安排好了我每天穿中国风还是韩款，以及我每月有多少可支配的零花钱……总之她给我的生活带来了革命，我的生活逐渐从混乱走向有序，我们在两个人的世界里感觉到了对于彼此深刻的需要， 于是在去年 8 月11 日那天我们登记结婚，我们决定就这样一直走下去。

貓咪是真的可愛：

在一起的时候觉得自己是个废柴吧，尤其是吃火锅，我从来不用自己下锅舀菜，但是碗里从来是满的——于是针对这个情况，我这几天经常问他“喂胖我你能得到什么”？他：“得到快乐”！ 我：“哈？” 他：“和幸福。” 值得一提的是这几天正好来姨妈，我一个谁劝都不忌口的猪猪少女被强行戒凉戒辣，没有冰淇淋，没有啤酒，冰沙被抢掉，包括吃串串也被要求吃清汤锅底。西南地区女孩高贵的辣味尊严就这么放下了。

若枫：

有那么一种奇妙的存在 即便是最黑暗的夜也会让你觉得黎明将至。所以为什么一直在等那个不可能又遥远的人？ 因为她发光啊！

KANGKANG:

我家狗宝宝每天都要被我俩撒的狗粮撑到……在一起两年啦，一直都喊我宝宝，这个不是重点，重点是他全家都喊我宝宝。

Lydia:

我男朋友比我小两岁但是却把我宠得像个小孩子。出去旅行永远都是他背着大包我挎一个小小包，一只手拿手机导航另一只手牵着我。有的时候怕我累甚至把我的小包放他大包里一起背。永远会帮我准备好水和零食，家里的冰箱也永远不会空，看到好吃的餐厅会带我去吃，学了好吃的菜会做给我吃，我们在一起几乎都是他做饭他洗碗。我明明是一个独立自主的女生，一个人在外面读书任何事情都是自己扛。认识他之后，我都快丧失生活自理能力了。能帮我分担的他都会帮我分担，他说他多做一些……我就可以少做一些 太多了说不完了，想一直做他的小朋友。

一颗青柚：

我们都是北方人，恋爱时分别在地球两端，时差八小时。我独自一人不适应晚上10点半还没落山的太阳，他便放弃了睡眠整夜开着视频陪我说话。冬天我在没有太阳的国度吹着八级冷风对他说我需要很多很多阳光，我想要住在冬天不冷的地方，于是他回国在昆明找了工作，二零一四年圣诞节带我去大理晒太阳，让我也喜欢上了云南。嘘……闺女醒啦，我要去哄睡了，晚安。

• • • • • •

这是“三八”妇女节的节日策划，也是我个人非常满意和喜欢的一组选题点。6位不同年龄和社会职业的女性，看她们对于生活的思考。一直以来，The Hours时时刻刻的受众都是女性为主，我们也希望通过这次采访，给到大家一些生活的启发和力量。

年龄似乎是女性永远跳不过去的坎儿。

最近天猫对蒋勤勤的一组采访频繁登上热搜，视频里44岁的蒋勤勤顶着一头时尚的棕红色头发，精致干练的妆容，身材和皮肤都足够明亮动人。

所有人都把目光聚焦到了这个已经到了传统意义的“中年”而依旧活得精彩的女人身上。

今年的“三八”节前，我们采访了6位身边的女性，她们来自不同的行业，又分别处于人生的不同阶段，有的二十多岁，有的刚过了三十的坎儿，还有四十、五十……

不迎合，不谄媚，接受不同，又保持真我。

你没有办法说任何一个认真生活的女性是不美的，这些鲜活的女性形象共同构成了整个社会完整又丰富的一面。

50岁了 那又怎样

——致每一个认真生活的你

2019 MAR

03.08

孙琲：红色的火焰郁金香代表她的热烈

孙琲

28岁 平面设计、品牌设计师、动画形象设计、商业后期精修、在学习中的歌手。1991年出生于云南昆明；2016毕业于皇家墨尔本理工大学；2017年成立丹凤娘娘品牌设计工作室

问：今年多大？对自己现在的状态满意吗？

不好意思的说我已经28岁，虚岁29，再多虚一点30。这是一个让我感到略略恐慌的年纪，所以对于现状，我不敢满意，怕自己有满足感而失去斗志。

问：你认为自己是一个事业型女性吗？

是的，自认为是典型的事业型女性，工作排在任何之前。

工作带给了我非常精彩的人生“部件”，如果说人生的任务是做一件漂亮的衣服，那工作也许就是精致漂亮的纽扣或别致的胸针，它完全和这件衣服融为一体了。别人也许先看到衣服再注意这个细节，也许会因为这个细节展开对这件衣服的审视，不管怎么说一定是一个很重要的加分项。

问：经常看你为自己买花，收藏古董茶具，用好看的杯子喝茶，你怎么看待自己的这种生活态度？

对于花这件事情，的确是有很多原因。因为父母都是植物学家，所以从小就在百草园里奔跑，温室里玩耍，总觉得有点花在身边会比较舒适。

另外就是平面设计师需要面对很多颜色，所以工作的环境常常需要一片空白，越干净东西越少越好。在图形和颜色的世界里，时常让自己眩晕头痛，所以一旦离开那个空白的空间，又很迫切地需要有颜色和气味的填补，花就是这样的存在。

古董茶具纯属因为老东西有灵气，拿在手里似乎能获得一些力量。最早是因为不爱喝水所以买漂亮的杯子让自己乐意使用，后来就成为一种收集癖了。

问：你认为自己是一个女权主义者吗？

哈哈，这个问题很多人问过我，表面上似乎我是一个女权主义，但令人失望的是我是一个男权主义者。

为什么呢？我们先来看看男权主义的定义，是指在一个社会中，无论在政治、经济、法律、宗教、教育、军事、家庭领域中，所有权威的位置都保留给男性，用男性的标准评价女性。这种偏执并不是一个特别讨喜的态度，所以相反，为什么在这些错综复杂的领域和位置里又非要主张“女性”呢？

在各方面能和男性相抗衡的女性毕竟是少数，如果她们是乐意并有出色能力，那也很棒。同时我们又怎么能说一个把家庭生活经营得很好的女人“不成功”呢？在我看来这也是大部分男人做不来的事情。找到自己合适的位置，我想比盲目表达男权女权更有用。

问：你会不会在生活中给自己下定义，然后按照自己的既定目标去要求自己？

如果说定义，不如说引导和探索，这很像假设和佐证的关系。比方说“我好像很适合做设计”，所以会为之努力，并且试图去找到自己适合这份职业的证据，当证据累积越多，我们似乎就认为这个命题成立。

但生活总是出乎意料，也许此刻我理解的设计和十年后是不一样的。这个问题有意思的是，假设和佐证都是会变的参数，就好像我问你知道杯子吗？你说知道，然后香槟杯、红酒杯、咖啡杯、红茶杯、浓缩杯、鎏金的、浮雕的、钴蓝的摆在面前时，你忽然发现自己根本不懂杯子，而其实，这个时候你却更懂杯子了。

问：对未来的自己有没有一些期待？

非常期待挑战，也很期待安静的生活。接受好与不好，因为我明白人生是很长的波纹，高高低低、参差错落才好看，不是吗？

兔子

28岁　ACE-CPT认证教练（美国运动委员会认证教练）；FTC 功能性训练认证教练；致力于帮助女孩儿们科学减脂，快乐运动

问：从一个策划人，到专业的健身教练，为什么会做这样的转变？

我2014年毕业因为家庭原因来到了昆明，一直从事着策划类工作，策划过大大小小的品牌和活动不计其数。刚开始策划让我觉得很有新鲜感，每天忙碌在各种对接和人际交往中，确实学到很多知识也积累到很多资源。

但是2017年底的时候，我突然发现自己看似在创意、在创造，实际上做出来的东西很多是套路和重复，并没有太大的价值，我自己也不能从策划中获得成就感和价值感。我发现策划更需要经验和资源，而不是一门“手艺”或“技能”，自己在忙碌的社交生活中也非常疲倦，我想拥有一个专业技能，一个真正能让我成为不可替代的那个人的东西，一个让我不需要依靠社交，就可以自由自在生活与工作的职业。

因为一直热爱hiphop文化，跳舞、健身也是从来没有停过，觉得运动带来的快乐非常多，就产生了想做教练的想法。于是果断辞职，开始了大半年专注的健身专业学习和系统训练，考取了ACE-CPT，并进入健身房开始了教练生涯。

兔子：奶油色的卷边非洲菊代表她的健康阳光

问：所以你认为自己是一个过得很随性的人吗？

我一直是个非常随性的人，想到什么立刻去做，从来不会犹豫：跳舞、纹身、唇钉、爆炸头，想要尝试的东西有条件会立刻去做。现在除了健身以外还在学习滑板和格斗，希望今年有钱和时间去热带冲浪。

一直想做个无所畏惧的人，运动就是我实现自我最简单的方式。

问：在生活中会有焦虑感吗？

我其实一直是个急性子，脾气暴躁，焦虑也是常有的事，会担心事情做不好。但是现在自己研究出许多平复焦虑的手段，也跟大家分享一点，除了运动以外，找个小本子把近期需要做的事情都写上去，一件一件慢慢划掉它们，内心确实会慢慢平静下来。如果没有条理，就会觉得要做的事情好多好多，陷入无限焦虑。

问：对未来的自己会有什么样的期待吗？

关于未来，希望自己可以一直保持快乐天真，保持对世界的好奇和愤怒，不要做个麻木的人。其他的，只要是我喜欢的，当然都会义无反顾。

说是期待未来的什么事情，不如说是期待一个更让我意想不到的自己。

兑天雨

31岁　前媒体人；独立家具品牌“野木扶疏”主理人；典型创业女青年代表；敏感又丰富的双鱼座生活家

问：你怎么看待自己的30岁？

女人过了30岁其实会一下子就要面对很多问题，比如说同学聚会的时候，你是唯一一个单身，或者是你最近有没有去做医美行业的水光针、玻尿酸来让自己保持年轻，保持这种活色生香的状态。你的心态，你的面容所有这些东西都在变化，所以过了30岁以后，一种紧张感还是比较明显的。

对于我自己而言，过了30岁的这两年，我对于自己的自我认知、对人生的一些追求和目标都会有一些规划和更清晰的认识。所有的事情都进入到了一个我想要的轨道，内心更有力量，也更坚定。

问：怎么看待创业这件事？

创业以后对我最大的改变就是我不会去抱怨周围的环境，也不会对周围的一些事情进行评判，我首先想到的是对自我的一个评判和分析。

经常有一些朋友或者比我小几岁的姑娘们也会问我一些关于创业的问题，或者到底要不要跳槽出来创业。其实我个人是不太建议出来创业的。因为一个女性在这个社会环境里面到这个年纪更多的是一个社会角色的诠释。

当然如果对于更年轻一些还在追求梦想的姑娘们来说，其实也没什么大不了的，我也是在一步步的经历，所以最好的建议就是自己去经历。

问：你会在生活中给自己很多限制的界定吗？

这个问题很有意思，因为关系比较好的朋友们经常会说，哎呀天雨，女企业家。不管是穿衣风格也好，说话风

兑天雨：梨花有力的木质枝干代表她的坚韧

张玉华：紫罗兰泡泡，多头蔷薇，平凡但坚定

格也好，就会给我一个角色的定位。

但是我个人其实没有一个清晰的定位，也不太喜欢别人开玩笑叫我“女企业家”之类的。毕竟我们的品牌是在做 一个生活方式，无论是家具也好，还是木工体验也好，首先你必须是一个会生活的人，对生活有仪式感，对周边的一切都有一个品质和美感的要求。

所以当你变成一个纯粹的所谓“企业家”的时候，会丧失一些感动，一些对生活敏感的触觉。所以我希望在保持一个基本的企业主的素质素养的前提下，有更多对于生活对于事业对于周遭一切的敏感性。

问：你最理想的生活状态是什么样子的？

因为现在的一个痛点是没有私人的时间，没有假期，没有私人生活，每天都是工作。但是我是会忙里偷闲的那种人，我喜欢弹弹吉他，跟几个好朋友闺蜜聊聊天喝喝酒。

我未来是想在山里有一个房子，定期可以去住一段时间，积攒能量充好电，出来之后继续做我热爱的事情。

就是我希望我能一直有我的价值和输出，这个是一个理想的状态。

张玉华

30岁　一家没有名字又生意超好的米线店老板娘；3岁孩子的妈妈；每天都画着精致的妆煮米线；会发明各种好吃的跟食客分享

问:30岁，对现在的自己满意吗？有因为年龄而担忧吗？

想的最多的是我怎么一下子就30岁了，但是在事业方面是在走上坡路，所以也没有什么可焦虑的，顺其自然就好。

现在我每天都对生活充满自信，有人觉得做餐饮是社会地位不高的事情，也很辛苦，但是这是我喜欢做的事情，我很热爱它，每天都会想竭尽全力地去把它做好。

问:我看到你每天都会把自己打扮得美美的来小店里，你怎么看待自己的这种状态？

我是一个比较爱美的人，爱涂颜色鲜艳的口红，也许是这么多年的一个状态，我不管做什么样的工作，哪怕是去扫地我也要把自己美美的一面展现出来。因为我觉得我现在的年龄我必须享受这样的状态，化妆、穿好看的衣服，这些我都应该去认真对待，爱美就是我们这个年龄的天性，不想荒废自己最美好的岁月。

问：你是怎么想到从事餐饮这个行业的？

最开始可以说是迫于生活吧，我们家买了房子，又有了孩子，就觉得经济压力比较大，就想不然做一个来钱快一点的行业吧，就想到了做餐饮。

当时手里的钱也不是很多，只有一两万块钱还是东拼西凑来的，就找到了之前那个只有十几平方米的小店，我想不管怎么样就先起步吧。

刚开始生意也不是很好，一天也就两三百块钱。但是我一直在想，只要我实实在在地做事，认认真真地做，付出肯定是有回报的。

像你们看到的，被城管追，下雨去进货我都经历过，但我觉得这些都不是困难，只要心中有梦想。

后来生意越来越好，我就盘下了现在这个更大一些的店，一直做到现在。我的宗旨就是认真做事情，特别是吃的东西，不能投机取巧的，不能找些便宜的食材。我拿的东西永远要比别人贵两三块钱，拿韭菜这些，我都是用最好的小韭菜，像大韭菜五六元一斤，但我的就是八元一斤。

一路走来积攒了很多回头客。我刚刚还跟我老公说，这个洋芋焖饭做了那么长时间我要不换一个，我做一个洋芋鸡套饭怎么样，我换着花样来把大家的胃都吸引在这个地方。

今年5月就是两周年庆典了，我还想做一个什么样的活动，让这个地方火起来，我有信心把它做好。

问：对未来的期待是什么？

我现在30岁，就只有个房子。那在我35岁之前是不是该给自己置办点什么，想来想去，还是觉得给家里置办一辆好一点的车。除此之外，我想的更多的是我想让很多人都能吃到我做的味道。

它可以不大也不豪华，就那么简简单单的一小间，我就想方便更多的人，不用跑那么远就能吃到。也许就在自己的家门口，也许在热闹的街头，哪里都可以吃到，这就是我对未来的一些发展规划，也是我的梦想。

白靖

43岁　云南机场建设发展有限公司采供部副经理；2个孩子的美妈；一直晋级的生活家

问：对自己现在的状态满意吗？

我现在觉得很满意，因为之前没有期许过40岁会是什么样子，但现在呈现给大家的是这个样子，很从容，而且我觉得活得很轻松。

每一个当下都是一步一步累计过来的，20岁，30岁，40岁，我从来没有想过以后，就是实实在在地过好当下，享受当下。

问：在生活中是一个对自己有要求的人吗？

我不是一个对自己很有要求的人，对于生活的态度，我很信奉老古人说的一句话，“上善若水，顺其自然”，我觉得生活给每一个人的功课都不一样，就是要看大家怎么来做这个功课。

然后做功课的时候就不要去抱怨老天什么东西没有给你，其实老天应该给的都给了，就看你这个功课怎么来做。

问：怎么去平衡工作、生活和自我之间的关系？

其实我觉得这就是一个角色转换而已，就像我工作的时候我坚决不会想着家里还有一个“二宝”，还有一个正在上初中的少年，我不会让自己很焦虑，工作就是工作，全心全意；生活就是生活，全心全意。就是不要让任何的边界交织，这样会很复杂，回到一个单纯的状态其实是最好的。

问：你对生活的态度是什么？

就是保持热情吧，作为一个女人来说终身不能变的是永远要把自己想象成一个小姑娘。无论哪个年龄阶段都要保持对生活的热情，对美的热爱，对美好生活的向往。

日常上班的时候，我就特别喜欢把办公室布置成家的样子，各种花花草草，到了下午也会经常约着同事们一起来喝喝下午茶，聊聊天，这样其实反过来你工作也会非常有劲儿，觉得上班是一件很有期待的事情。

其实我老公是一个典型的理工男生，我和他是相亲认识。认识20年，结婚18年。理工男你知道的很生冷，以前在家里他看到我搞什么比较有情调的事他都会说，哎呀，累不累，有什么用，又不能当饭吃。

然后到现在，他马上47岁了，会对我说，哎，今天你怎么不捣鼓点什么了，你今天怎么不拍美照给我看了。整个人的观念转变非常多，可能是潜移默化的影响。

我还会经常做一些突如其来的事情，比如我老公在内蒙古上班，他生日的那天我用了一天的时间飞过去，和他朋友一起策划了一个惊喜的晚宴。吃饭时，我就突然出现了，那个时候看到“理工男”的双眼就红了

我觉得生活就是需要这种不经意的小惊喜，什么金钱啊地位啊不重要，重要的是用心。

问：如果可以，你想对20岁的自己说什么？

我想可能会对她说，20岁这个年龄段会很焦灼，不知道将来会是什么样子的，也没有太多的寄予。想跟她说，好好享受当下吧，然后就是20岁再见，40岁你好。

白靖：大飞燕，温柔又明媚动人

聂丹：咖啡时间玫瑰，成熟又睿智

聂丹

53岁　昆明日报编委；经济新闻中心总监；31年媒体从业经验，严谨又善良的乐观派

问：在现在这个人生阶段，对自己还满意吗？

我现在的年龄是53岁，但是我想由衷地说一句“真好！”为什么会这样，其实我自己也没有想到，50岁之后的生活会给我一份惊喜。

还记得满30岁的时候自己吓了一跳，40岁生日的感觉是有点绝望，没想到50岁反而感觉一下子开了，走入了另外一片天地。

因为好多包袱都卸下去了。首先是孩子，我女儿已经工作也成家了；工作呢，这个行业我做了31年，不用再“爬山”了，原地踏会儿步也是可以的呀。然后就是外表的负担也减轻了不少，比如说胖这件事，我心里就会想：50岁了，胖就胖了，胖点才富态；再比如脸上有皱纹，嘿嘿，也没什么不妥啦，毕竟是50岁的人嘛……

当然，我非常赞成女人要美一辈子，但是当青春的包袱卸下之后，你对美的定义就会从容得多，完全是放自己一马的感觉。

所以我觉得天命之年的女性，也是被上天眷顾的人儿。

问：现在孩子多大，会对她有什么要求吗？

我女儿今年28岁，是个聪明又独立的孩子，成为她的母亲，我觉得特别幸运。我对她没有要求，因为她对自己已经有很多要求。

问：您对自己的工作应该有很深的感情吧？

感谢生活，感谢这份职业！我是从党报到都市报，又回到党报的媒体人，参加过很多重大事件的采访，也经历过生与死的考验。这是一份职业标准相对比较高的工作，也就是说要么做好，要么别做，没有中间地带，因为中间地带给不了你职业荣誉感和回报感，而这个其实是一份高投入和高付出的工作，无论是体力还是脑力，不成正比的话人会很郁闷，至少我是这样理解的。

这份工作给我留下很多珍贵的回忆，我挑战过自己，我了解自己的强项和抗压能力，也知道自己的短板和软肋，职场让女性变得强大而且丰盈。所以只要你努力工作，用心生活，工作和生活都不会亏待你。当幸运之神在某个转角处牵住你的手，你不妨回头看看来时的路，那些坚实的足印一定清晰可见。

问：在生活中，你是一个会给自己定目标的人吗？

我还是属于会给自己定目标的那种人，不是哪种特别宏大的“我一定要成为什么样的人”那种，而是会不断地定一些小目标，然后让自己保持一种自我挑战的状态。

现在也是一样的，我会放轻松些，但肯定不会懈怠，因为我还有60岁、70岁、80岁……人一旦懈怠，从内而外整个人都会垮掉、会变形，我们这种普通人很难做到优雅地老去，但至少不要老得太难看吧。

我现在会花不少精力来学外语，很辛苦，但是也很快乐。有时候我也会问自己，这样逼自己有意思吗？其实我知道自己根本停不下来了，提着一口真气做些喜欢的事，也许才是女性保养的最佳方法吧。

这次采访中，除了那些年轻放肆的生命，给我印象最深的就是43岁的飞鱼姐姐和53岁的聂丹老师，看到他们的状态，让站在三十岁当口的我突然没有那么惧怕年龄了。

如果可以认真又优雅地老去，何尝不是一件幸福的事情呢？

而她们用亲身的经历告诉我，只要你认真的对待生活，就一定可以收获惊喜。

在前面几个章节的内容当中，我着重讲解了我们的创业历程以及日常的营销思路，但是不代表有了营销就可以不注重产品，因为所有的营销思路都是要建立在好的产品基础之上的。内容策划和营销就像是一串“0”，如果没有产品这个“1”，一切都是徒劳。

所以在这个章节中，想要给大家展示一下我们日常零售的产品，这是我们团队所有花艺师必须具备的出品品质，也希望大家能够明白，提升花艺技术才是我们最应该重视的内核。

伍

提升 内核

——不断 修炼的

花艺 技术

平行

大号平行花束是时时刻刻日常销售最多的一个款式，也是非常多客人都会喜欢的款式，原因之一就是这个花型会显得特别大气。我们还会根据客人不同的年龄、性格以及平时的穿衣喜好等去量身定制花束。

在昆明本地，有好多家银行的私人银行，在给他们的超级大客户送生日礼物的时候，都只会选择时时刻刻的超大花束。

还有一些客人，日常订一些生活用花可能会就近购买，但是遇到需要送领导或者特别重要的客人的时候，就一定会选择“时时刻刻”的大花束。一方面是足够有面子，另外一方面，“时时刻刻”的品牌也代表了品质稳定和不会出错，在这种重要时刻，能够给客人安心感也特别重要，这也和我们第二阶段强调的标语有关：“时时刻刻，陪伴你人生中每一个重要时刻。”

束

现代风格花束

另外一个时时刻刻的代表款式是直立型花束，特别适合送给男士，以及送给领导、接机或者颁奖等比较隆重和正式的场合。

我们还专门设置了产品部门，由产品经理负责新产品的开发和打样，也会根据时下年轻人喜欢的风格进行定期的产品更新。

而我们制作商业花礼的另外一个重要的设计维度是：季节感。

以花篮为例，春天我们会选择多用轻盈的花材，颜色也整体明度比较高，突出春季“百花盛开”的原野感——闷了一个冬天，这种生机勃勃的感觉最能够打动人心；夏天会选择白绿为主的浅色调，或者明亮鲜艳的颜色搭配；秋天则会多用秋日独有的材料，比如枫叶、果实类。我经常说的一句话就是，花艺师是大自然的使者，季节已经赋予了我们如此丰盈的素材，我们唯一需要做的就是还原和致敬。

The Hours

架构花束

这一个板块，想跟大家说说架构花束。

时时刻刻是国内花店中最早一批将架构花束运用在商业当中的，这里不说单纯表演和陈列性质的架构花，而是售卖。

很多花店小伙伴都会苦恼，学习了架构技巧之后，平时除了拍拍照，根本卖不出去。但是在我们的店铺，每一个节日我们都会根据受众需求打样一款架构花束，作为我们的品牌高端定制款式。

首先在架构花的材料选择上，我们会选择让消费者更加有购买欲望的材料，比如说父亲节会选择茯苓藤、木片等，情人节会选择羽毛、叶脉等。而定价基本控制在1000元左右，不是因为成本高，而是我的架构花束就不是我的主打款，只是引流款，让客人因为绝美的设计而注意到我们品牌。他可能会因为架构花束的定价稍高而犹豫，但他会觉得就算在我们这里定个基础款的33朵红玫瑰花束，也是会做这么漂亮的架构花束的设计师做的，这感觉是完全不一样的，在基础款的预定上，客人往往就不会再计较价格。

上图 用木片做的方形架构花束，方形的结构和木片的圆形外轮廓形成对比感

下图 一个用铁丝编制而成的“花朵”外形，再加入新鲜花材的填充点缀，相互呼应

在桌花的设计中，我们追求不同材料和形式的呈现，酒杯、纸张、水果、蔬菜都会被我们作为元素和容器，希望花艺设计是没有界限，更加宽广的。

上图 整个作品的插花方式是并行式，首先花材是纵向并行，又用蛤蟆藤的藤蔓做了横向的并行线条，作为一个副层次，增加整个作品的设计感

下图 这个作品为我们展现了一张纸的可能性。我们大概用了 1000 张梦幻纸做了同种材质的堆叠，再在中间固定试管，加入花材

宴会 婚礼

宴会设计和婚礼花艺也是我们日常商业订单中非常重要的一个板块，我们会根据不同的主题来进行细节设计，保证每一场宴会都是独一无二的。

这一组布景是我们零基础学员经过 7 天系统的学习之后制作的小型婚礼宴会场景设计，无论是色彩搭配、花材选择还是桁架 KT 板搭建，都是由同学们独立完成的

这是一场秋天主题的宴会设计，我们用了秋天独有的银杏叶和梧桐叶作为材料，再加入秋天色系的花材，营造浓郁的秋色氛围。

在桌面的摆台上，我们还加入了烛台以及水果，水果外层白白的像霜一样的材料是封了一层蜡，增加作品细节

陆

新的 开始
——在城市中
拥有了一个小花园

从废墟到花园的蜕变，是梦想更是执念

每天早上8点40分，第一缕阳光就会探进院子，洒在那棵宝塔绣球上，接着是门口的那几株月季。

现在是秋天，再过一个月，太阳可能光顾得还要再晚一些。

这里是位于金鼎山上的一个老厂房，前身是昆明的老氧气瓶厂，现在是我们的时时刻刻花园。

左页 这几张图片记录了花园从开始动工到最终呈现的过程
右页上 这个季节，花店入门处开得连成一片的宝塔绣球
右页下 在整个空间的中段，建立一个很大的植物花池，种满绿色植物，是隔断，更是装饰

The Hours

在装修改造的时候最大程度地保留了原先的房屋结构和材料，砖墙、水泥房梁带着时间的印痕，成为了最好的设计师。

在时时刻刻，鲜花当然是灵魂，用园区的老青砖加上水泥垒了花桌，让花和空间有了关联。

利用老厂房的层高优势，在屋子的正中建了一个小森林，高处的海芋和散尾葵向上争着太阳，低矮的铁线蕨和软树蕨向下扎根抢水喝。而苔藓直接在桌面上扎根，长成一片原野。

打掉了外部的非承重墙面，搭建成一个延伸出来的玻璃温室，作为一个小小的植物园。

天晴的时候，阳光从落地窗子照进来，暖洋洋地打个滚儿；下雨的时候，雨水噼里啪啦地落在玻璃房顶上，坐在下面可以忘掉整个世界。

左页上 上面两张图片是我刚刚看到这片空地时候的样子，一栋老房子加一块空地，带着岁月的印痕，特别打动我。
左页下 在新店，我依然延续了在桌面上种植苔藓的设计，和周围的砖墙相呼应。
右页上 通透的阳光房，种满了我喜欢的植物，是一个天然的绿色氧吧
右页下左 桌子是植物生长的容器
右页下右 用老店的水泥花盆和厂区内的老青砖，做了鲜花陈列区域

我们还尽可能地保留了这个老厂房原先所有的老物件，一扇门，一叶窗，落在新的时间里继续展开她的故事。

老店能够拆卸的手工鸟巢灯，以及老榆木桌子和门板也被我们悉数搬来，它们见证了我和小伙伴们两年来一步步走来的路。

用弧形的拱门设计，为空间做了功能性的区分，也增加了整体的设计感

新的花房的全景图片，花桌、鸟巢灯、墙上的标本装饰都是从老店直接带来的，算是一种延续

这个实验室里，可以装下所有关于美好的想象

与之前的空间相比，这里将有更多的可能性。

我们重新组建了更专业的团队，每个季节都会推出一系列应季的下午茶套餐，让更多的人可以把时间放心地留在这里。

另外，我们还制作了许多周边产品，干花相框、香薰蜡烛、干花小花束、花草笔记本……这些随手带走的小礼物，可以让美好落在更多的地方。

下午6点半，最后一抹太阳略过房顶，像铃铛一样的野花在秋天会叮铃铃摇响种子，几朵小蓝花贴着地面开。

我想记住这个下午，记住突然停住的风，记住缓缓西斜的落日，还有被落日染成紫色的天边云彩。

我们设计的干花相框，很多客人喜欢

THE HOURS LAB
BOTANICAL
LIFESTYLE
LABORATORY

我们所有的周边产品都会围绕花的元素，好多外地的客人也会定期跟我们采购，从昆明直接邮寄过去。

花园里住着四季

花园建立的时候在进门口的两侧都种上了蔷薇，一年多的时间，我们就获得了一个开满花的拱门以及满面的蔷薇花墙，再加上爬上老门板的那株白色木香花，一度成为这个城市的春日网红打卡点。

春天的花园一定是美的，一切都是欣欣向荣的景象，所有植物经过一个冬天的蓄力，争着抢着发芽、开花，把最美的姿态展示给全世界看。

我最喜欢的还是初夏，这个季节是丰富又多彩的。樱桃红了果实，桑葚也紫到发黑，时不时会看到小小的鸟儿扑棱着翅膀来啄了吃。

左页上 我最喜欢的花园一角，入户的蔷薇拱门
左页下 院子里种了一棵桑葚树，每年春末夏初满树的果子都会把枝条压弯
右页 开满枝条的木香花，和园区的老门板

夏天三色堇会开花，丁香会开花，茉莉会开花，金银花也会开满树满藤的花，随便摘了就是天然的夏日限定特调原料。

夏天的车厘子熟了没打农药可以直接摘了吃，蓝莓和柠檬熟了就用来做个甜品。

夏天还有昆明独有的雨季，这种雨不似南方的“梅雨”，淅淅沥沥下个不停，而是下下停停，每每到傍晚天空放晴的时候，还能看到天边挂着的彩虹。

就像汪曾祺先生笔下《昆明的雨》中描述的那样，“昆明的雨季是明亮的、丰满的，使人动情的。城春草木深，孟夏草木长。昆明的雨季，是浓绿的。草木的枝叶里的水分都到了饱和状态，显示出过分的、近于夸张的旺盛。”

这也令夏天的院子呈现出一派水草丰茂的模样，院子里的花花草草都趁着这时节拼命生长。

雨天的花园，温柔又细腻

左页上 黄色的这只名叫“保时捷”

左页下 黑色的狗狗叫“小满”，刚刚捡到的时候才有一个手掌那么大

在这个院子里，最开心的还要数店里的猫猫狗狗们，有了大大的院子，也就有了撒欢的地方。

现在店里一共有两只狗狗和四只猫咪，全部的都是流浪毛小孩。

两只狗子分别叫“保时捷”和“小满”。“保时捷”是自己在一个深夜流浪进屋子来的，“小满”是在两年前小满节气的时候被人丢在我们花店后门的垃圾箱里的。

“花花”是个黏人的小三花，不管她在哪里，你只要叫一声“花花”，她一定会边叫着答应边从花店的某个角落里跑向你。而且花花不认生，任何客人她都会爬人腿上睡觉，尤其是进行店内沙龙活动的时候，她就会轮着找客人“聊天”。

“大黄”是店内的颜值担当，他有自己的“粉丝”，好多客人都是冲着他来的。这个随意的名字听起来似乎跟这盛世美颜并不匹配，是因为当初捡到的时候想着一定要好好地取一个名字，结果纠结着纠结着，“大黄”这个临时名号就已经被大伙儿适应了。

“火山”是个小狸花猫，刚来的时候还是只小奶猫，是被大黄一手带大的，现在是好奇心最重的小朋友，经常去各处探险，上树追松鼠也不在话下。

“大白”是最晚来的，之前应该是附近的流浪猫，在去年某个下雨的下午，溜达来花园的椅子下面蹲着躲雨，我们抓了一小把猫粮给他，从此就再也不愿意走了。

一大片粉黛乱子草，是最温柔的秋天

是的，在这个城市当中的小花园里住着最切实的四季，春天花香扑进屋子里，夏天的晚风用来下酒，到了秋天，有草的种子黏在衣服上，我还想搜集每一滴雨，每一阵风，每一粒果实……这里是时时刻刻花园，想要和你一起，让所有美好的故事发生。

花店的100种可能性

现在这个花园的空间一共有600㎡，300㎡的室内，还有一个300㎡的大院子，这就给了花店无限的可能性。

我们和云南省图书馆联合，在店内做了读书分享会，云南省图书馆的馆长还专门写了亲笔签名的书信，给参加活动的读者朋友们，而现在，这已经成了时时刻刻的定期活动。

在院子里桑葚成熟的季节，我们约客人一起来摘桑葚酿成果酒，待到来年再一起开坛畅饮，透着酒香的果子，就是时光最美的印记。

在花店里举行的线下读书会，认真看书的小姐姐们

桑葚熟了的季节，叫着客人一起来摘桑葚酿酒

由于有了比较大的空间，我们也终于实现了在过大型节日时候店内依旧可以正常经营。尤其是2021年母亲节，我们还策划了一场“和妈妈做一天闺蜜”的下午茶套餐活动，呼吁大家在母亲节这一天不是仅仅只在朋友圈里表达爱，可以带着妈妈一起来花园，拍照打卡喝下午茶。套餐包含了两杯特调饮品，一个鲜花蛋糕，一份小花束，还提前打印制作了带有和妈妈合照的卡片，由女儿亲手写上想对妈妈说的话，送给妈妈。活动当天，店内出乎我意料的完全爆满，好多朋友带着妈妈来玩，而且还遇到了好几组家庭都是一家三代一起来过节的，女儿带着妈妈，妈妈又带着外婆，那种爱的延续所传递出的温暖与感动，让我动容了很久。

今年母亲节推出的母女“闺蜜”下午茶套餐

很多客人都是一家三代一起来过节

我们还在空间内做艾草青团、举办画展、音乐会、电影分享会、市集……还记得本书第一章给大家展示的商业计划书吗？里面提到的“生活研习社”的概念，在开店两年后终于实现，而且更重要的是，我们用优质的活动完成了有效用户的积累和黏性，并且由于我们自身的用户数量越来越多，很多优质品牌和企业都特别愿意和我们联合，甚至好多是品牌方出钱，让我带着我们的客户去参与活动，这就是“超级用户思维”。

其实，在这个花园里，与其说是给花草植物一个空间，不如说是我想要给30岁的自己一个空间，一个让自己的触角重新变得柔软的地方。

柯义
童话
与你有约——仲夏夜之梦

柒

回归理性的花店经营

是开一间花店还是开一家公司？

“开家花店，荒度余生。”这是无数个女生的梦想，而如果能够在花店里加个咖啡馆，那就是再好不过的事情了。花店、花园、咖啡馆，这几个我全都拥有了，可欣喜过后，摆在面前的实际问题就是：房租压力增加、团队人员增加、运营成本增加，我们也非常清晰地意识到，我们要做的不应该仅仅是一家花店，而应该是一家公司，花以及和花植相关的内容只是这家公司的产品而已。

对于一个企业而言，必须要完成从粗放化经营到精细化管理的转变，实现营业额和利润连续稳定持续增长，所以在市场的机遇和挑战面前，我们开始不遗余力地做着以下几件事。

1. 逼迫员工提高自己的花艺技术和知识文化水平。情怀的多少无法作为发工资的标准。

2. 工作流程专业化，管理精细化。客户对接、活动执行、品牌策划都力求高效、低出错率。建立合理的考核和绩效标准。

3. 注重个人、品牌在一座城市的影响力，让更多人明白，我们不是包花的、插花的、扎花的……我们是非常专业的花艺师、花艺设计团队，你应该为我们的技术，我们的专业买单！

4. 梳理业务线条、划分事业部、完善管理细节。

总结起来就是：对外，不断输出品牌文化，增强客户黏性；对内，用完善的管理制度打造向内的核心凝聚力。

要做的第一件事就是完善日常规范，我们为此制定了以下制度。

1. 考勤制度

（1）每天上班时间为早上9点到下午6点，中午有一个小时午休及吃饭时间。

（2）每天上下班需要在钉钉软件内进行打卡，若有加班，则需要在软件内注明加班事由。

（3）员工漏打卡需填写《漏打卡情况说明》，主管签字确认后交由店长管理；员工每月允许有3次漏打卡，超过3次以上的，在填写情况说明的基础上，按10元/次处罚。

（4）早上迟到10分钟之内不计入考勤，迟到10分钟以上，按每10元/小时进行处罚，迟到2小时以上按当日旷工处理。

（5）晚上加班半小时之内不算加班，1小时以上每小时加班费10元；加班6小时以上（暨00:30之后）按通班计算，加班费80元。

（6）每人每个月有4天休息时间，可以自由调配，如需连休，则需要提前报备。

（7）每月4天休息之外如需请假，需要至少提前一天报备，不接受临时请假，否则按旷工处理，扣除3日工资。

（8）每周轮休和请假都需要在钉钉软件内部发起申请，方便每月考勤管理。

2. 每日工作总结和计划

（1）每日订单安排

每天下班前，客服将各个手机账号上的第二天订单汇总给店长，由店长进行整理及第二天制作安排分配。

（2）每日交班小结

每天下班后，每位同事自己对当天的工作进行小结，包含以下几个方面：

a. 工作完成情况列表；

b. 工作完成过程中是否有遇到的问题或者需要改进的工作做法；

c. 是否有需要同事配合完成的工作内容；

d. 哪些工作是当日既定任务但是没有完成，为什么；

e. 未完成工作的大概时间节点预估。

（3）每日工作计划

每位同事前一天下班前对自己第二天的工作进行规划和安排。

之后每天的工作由每位同事自己先行安排，在各个时间节点上再由结果导向进行考核和总结。

3. 周工作小结及周例会

每周日下午或周一上午，由店长召开周工作例会，包含以下内容：

a. 每位同事对自己上周的工作进行总结回顾，哪些是做的可以借鉴推广的地方，哪些是有失误或问题的地方，进行细化分析，避免再次出现；

b. 由店长对下周的总体工作进行统一安排部署；

c. 确定本周的主推花礼款式和主推花材；

d. 确定本周周末活动的主题和细化安排；

e. 由负责人对上周工作内容进行整体总结，并补充完善本周工作的重要节点和工作难点。

4. 项目复盘会

大型项目或者节日过后，对项目执行过程中的问题进行复盘分析，寻求不断的提升和帮助。

5. 月工作总结及月度经营分析会

（1）对上月的整体工作进行总结回顾；统一思想，对下月的重点工作进行安排部署（内容层面）；

（2）对上月整体的经营数据进行分析分解，盈利向好的月份，总结经验再接再厉；经营欠佳的月份，找出问题，寻求解决思路；

（3）根据既定经营目标任务，安排下月的经营计划，并有计划地展开营销工作（经营层面）。

6. 半年工作总结及经营分析会

一年过半，总结工作得失，分析经营数据，规划整体下半年的工作重点，为完成既定经营目标进行具体工作部署。

7. 年度工作总结及年度工作会

（1）每位同事进行全年工作总结，并在年度工作会上宣读；

（2）团队进行自我表扬和自我检讨，肯定成长，认清不足，再接再厉；

（3）宣读下一年的整体工作安排（内容层面）；

（4）公布下一年的整体经营目标，并进行细化的拆解，以期顺利达标。

8. 日常工作细化规章

（1）日常订单制作规范；

（2）客服回复话术明细；

（3）会员积分及回馈制度；

（4）值日生工作规范制度；

（5）仓库货品拿取制度；

（6）项目执行细化沟通表；

（7）项目执行工具表；

（8）大客户资料分类整理归纳表；

（9）项目合同及发票流程；

（10）项目执行利润统计及结算单。

除了完善的日常工作制度，我们还根据业务范围设立了几个独立的部门，人员、任务量、绩效考核都独立核算。

部门划分

（1）花店事业部：花礼零售、节日花礼销售、店饮店食、店内活动包场、店内主题活动等；

（2）企业服务部：企业服务、企业客户答谢活动、企业合作订单、外场企业沙龙等；

（2）活动执行部：商业活动布场、空间装置展、商业合作等；

（3）专业培训部：课程培训（系统专业课、花艺提升及架构课、花店运营管理课、大型空间装置课、企业沙龙服务课、气球系统课）。

人员划分

店长、产品经理、企业服务、花艺师、客服、项目执行、课程顾问、新媒体运营。

花艺师岗位职责

（1）根据产品经理制定的产品打样进行产品制作；

（2）处理花材，给花材换水，花店操作区日常整理；

（3）日常订单的制作；

（4）店内沙龙活动讲师；

（5）业余花艺课授课讲师；

（6）活动花艺现场制作。

服务板块：零售 + 活动

店长岗位职责

（1）负责安排每天店内员工的工作；

（2）负责协调零售版块的订单安排；

（3）负责把控所有业务版块的产品质量和出品品质；

（4）负责店内业务的向外对接；

（5）负责会员的统计和维护；

（6）负责召开并主持周例会；

（7）负责每月店内周末活动的制定和组织；

（8）负责每月账单收入和支出统计；

（9）负责员工考勤、值班加班等人事安排协调。

服务板块：零售

企业服务岗位职责

（1）负责对接企业客户，深挖客户需求；

（2）在每个节日节点，提前撰写针对性的企业合作方案，并且提前对接客户，做到主动出击；

（3）负责合作企业的项目执行、活动现场跟进以及后续收款跟进；

（4）年中、年底进行企业客户的答谢活动。

服务板块：企业服务部

产品经理岗位职责

（1）关注最新上市花材，联系基地；

（2）关注服装、彩妆、家居等行业最近流行的配色和材质；

（3）关注诸多国外花艺师的社交账号，每周搜集整理素材，形成趋势分析；

（4）定期产品更新及主推款式打样；

（5）节日产品设计打样：主要节日、24节气打样及海报、星座花；

（6）每周一款主推特价花束打样及推广；

（7）周边产品开发及营销计划制定；

（8）产品版块整体把关。

服务板块：零售＋培训课程更新

客服岗位职责

（1）负责按照规定对客服手机朋友圈进行内容更新和维护；

（2）负责订单的客人接待和跟进；

（3）负责和店长对接已接单的订单制作细节；

（4）日常订单配送跟进；

（5）日常订单拍照、修图并回发给客人。

服务板块：零售

其实，从开始创业起，我就一直在思考自己的“竞争壁垒”是什么，而把这个问题放在公司运营角度来思考，就更加必要。

上文提到的完善的规章制度和工作流程就是我们的第一个竞争壁垒——因为很多花店根本不把这个当回事。除此之外，保持“持续的创造力”是我们的第二个竞争壁垒。我们规定产品经理及教育培训部必须担任起整个时时刻刻品牌的技术革新和提升的艰巨任务，每周一的工作例会上，搜集整理一些当下流行的作品、风格、元素，供所有人学习提升，而且要定期研发新的花型、技法和包装。无论在任何时候，我们都要相信，设计和美也是一种不容忽视的软实力。

而作为时时刻刻的另外一个核心竞争力，我们应该重拾“TheHours时时刻刻”的品牌内核，坚持做有内容有温度的品牌策划，使其共同成为我们最坚不可摧的竞争壁垒。

从实现自己的梦想，到帮助别人实现梦想

因为花店经营得不错，而且实现了逐年稳定的利润增长，作品也创立了属于时时刻刻自己的风格，所以专程来找我们上课的学员也越来越多，今年，我们又单独设立了一个300㎡的专业培训教室，帮助更多的伙伴们实现自己的梦想，最起码能让大家少走一些开花店的弯路吧。

在课堂上，我和同学们说的最多的一句话就是，花店这个行业并不像我们当初想象的那么美好，背后的辛苦、艰难是很少有人看到的，但幸好我们可以从中获得最单纯的美好。我也希望和大家的缘分不仅仅在课堂上，而是尽我们所能更多地帮助大家。

右页上 每期花艺专业课开课前，我们都会精心挑选上课的花材

右页下 大型空间装置课程现场：今年重新打造了宽敞又专业的新教室，可以让同学们体验感更好

左页上 基地有新品花材上市，就会联系我们拍照打样，我们也对第一时间分享给同学们

左页下 零基础同学们第三天的学习成果：大平行花束

右页上 我们为端午节进行的两款产品打样，上图是粽子手提礼盒，上层是鲜花下层是粽子，一半人间烟火一半诗与远方

右页下 是将粽子“藏”在花丛中的一款花篮，比较适合喜欢鲜花的客人。每次节日的打样产品图都会提供给同学们作为参考思路，也会同步提供各种资材的货源，为大家持续赋能。

由于地理优势，我们会去走访云南的鲜花基地，对新品花材进行试用测试，并且制作出样品，方便同学们推广使用。

在大型节日节点，我们也会率先进行产品打样，并且对接好货源给同学们的花店，为大家的节日营销提供一些新思路。

很感谢同学们在实现梦想的道路上选择“时时刻刻”作为你们的重要驿站，我们也会更加努力前行，和大家一起相逢在人生的更高处。

捌

用作品讲故事，做有温度的设计

以前做记者的时候，文字是我看世界和表达情感的工具，我用纸笔记录时代变化发展；现在成为一名花艺师，其实我觉得本质并没有改变，只是我的媒介变成了花和植物。

近两年，我们用一个个花艺空间装置讲故事，希望创作出的每一个作品都是有生命、有张力的。于是我们有了《时间之间 花植展》《林间生响 空间展》《初 植物静态展》《麦子不一定是麦子》《星芒》《人间草木 艺术展》《魔幻圣诞森林》……

但是特别想要和大家分享的观点是，我并不认为“作品”需要和商业剥离，能否有人愿意为你的作品买单，应该作为衡量你作品价值的一个维度，当有人愿意花十几万，甚至几十万为你的项目买单的时候，这个事情本身就证明了你的作品已经被更多的人认可，所以时时刻刻所有的装置设计展或是花植空间装置展都是有甲方买单的。

接下来的章节中，我们选取了部分空间装置作品进行展示，这些项目不仅让我们团队的设计师们完成了创作表达，也成为了我们经营层面的一个快速增长点，让我们的整体营业额获得了大幅提升。

和我们自己在工作室或是相对独立的展览空间做作品创作不同的是，下文展示的很多项目给到团队的制作时间都很短，某些商场只能给到从前一天晚上22：00营业结束直至第二天早上10：00开始营业前的这12个小时，而有些项目的现场施工条件非常恶劣，没有路、没有灯，交叉施工的情况比比皆是，这对于团队的整体配合度、现场执行能力、解决突发事件的协调能力都提出了极高的要求。但商业就是这样，打过一场场“硬仗”之后，我们的创作能力和服务能力得到了众多甲方的认可，也在商业层面有了源源不断的项目。

《时间之间》花植空间展

背景：2019年末昆明融创文旅城开业项目特展

当时接到项目的时候，现场还是一片工地的状态，而需要我们呈现展览的空间足足有600㎡，想要“填满”这么大的面积实属不易，再加上甲方希望的陈列时间为 1 个月，这对于主题把控以及材料选择都提出了很高的要求。

最终，我们呈现了“春夏秋冬”四个主题布景，用季节交替展现时间流逝，《时间之间》主题空间展就此诞生。

第一幕：春·时光新象

我穿过竹海，

耳边传来

稀稀疏疏的声音。

是春风拂过竹叶，

又似乎是

有种子在发芽。

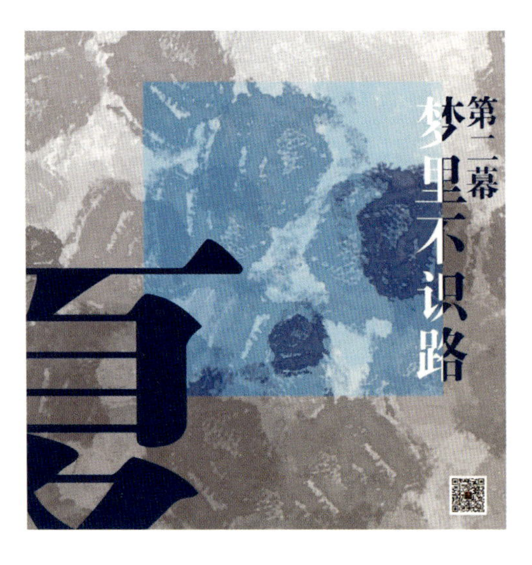

第二幕：夏·梦里不识路

沿着泥土的芬芳
低头寻觅，
草丛里有醉人的花香，
夏夜的繁星，
还有奇幻的梦。

第三幕：秋·北纬24°的风与黄昏

秋风像是艺术家，
把叶子卷向空中，
或将他们团成思念的蛇。

我们
在寂落的大门前徘徊，
也不清楚
秋叶是否真能带去思念。

第四幕：冬·去一个陌生的地方

冰柱是冬日的常客，

在屋檐下，

在小溪边，

在关不紧的水龙头前。

像个英勇就义的烈士，

用轰轰烈烈

粉身碎骨的方式，

去告诉人们，

冬天要走，春要来！

《初》地景装置设计

策展方：The Hours时时刻刻花植设计
展览时间：2019年12月21日~2020年1月21日
展览地点：昆明融创文旅城觉海楼文化馆

这个作品制作的时间节点刚好是疫情之后，是为“金地商置 · 昆悦”项目的开年启势项目设计的装置展。

2020年初的疫情，让所有人的生活被迫按下了暂停键，街道上空无一人，城市中往日的繁华不再。

我们生活的城市叫昆明，她是国家历史文化名城，“天气常如二三月，花开不断四时春”的气候，让她拥有“春城”“花城”的美誉。

可是生活在这个城市里的我们，是否还记得这称呼背后，本该是多么温暖的生活场景。

我们装饰了5辆鲜花公交车，带着500份花艺师制作的向日葵花束，来到昆明的7个城市地标，由金地商置 · 昆悦的工作人员向市民免费赠送花束。

装饰着鲜花的公交车在昆明绿意盎然的街道上行驶的时候，好多市民都驻足观望，带着久违的满眼笑意。

最后，我们又设计了一个大型空间花植展，取名为《初》。

整个设计用龙柳作为材料骨架，包含了一棵生命之树，4个不同生长阶段的茧，以及绿色的细胞。

大树从贫瘠的大地上扎根，但最终依然会生长得枝繁叶茂。

我们希望用这个装置展提醒大家，在疫情之后要更加关注人与自然的和谐共处，回归生活的本质。

一座城市需要人文情怀，一座没有情怀的城市无论怎样繁华，精神上都是荒芜的。只有情怀，才能让冰冷坚硬的城市，成为柔软诗意的故乡。

在这一张张笑脸中，我们得以重温和坚信：这个世界，曾是故乡，本是故乡；曾有多美好，本有多美好，该有多美好！

《林间生响》空间装置展

背景：2020，“复地云极”项目的年中主题引流活动

在项目的外广场和售楼中心内部，我们完成了两种风格迥异的设计。我们将整个售楼中心打造成了一个可以踩在泥土之上的梦幻花园，其实是在呼应和强化项目自身强调的“园林式设计”这一亮点。

大家可能也发现了，对于我们做的每一个展陈项目，我们都会制作海报、进行设计理念阐述，并且撰写文案，一方面会让整个作品看起来更完整和有意义，其实这也是一种软性的竞争壁垒。

第一幕：势

两耳传来细雨的催促
从林间匆匆赶来
赴一场
车水马龙的约会
风是这街角最棒的魔术师
时而顺势为之
有时逆风清扬
你是否听到
我带来的山谷里的声响
簌簌的
那是破土而出的希望

设计思路

这个装置作品取名为“势”。

我们运用“草月流”花道的手法，将竹片做出顺风而起的感觉，表达对自然、对生命的敬畏。

势，是一种力量，更是一个方向。

作品所处的位置是复地云极营销中心十字路口旁的广场上，面对车水马龙的街道，它静默地矗立。

走近的时候，就能感受到生命的张力。

第二幕：启

如果你来访我，

我不在

请和我门外的花坐一会儿

它们很温暖，

我注视它们很多很多日子了

它们开得不茂盛，

想起来什么说什么，

没有话说时，

尽管长着碧叶 。

——汪曾祺《人间草木》

设计思路

在售楼中心内部，我们用植物、花朵、苔藓、木片等造了一座花园，作品将售楼中心内部各个区域整体包围，穿梭其中犹如梦境。

春夏更迭，我们在四季的旅行里歌唱，今天这个音符，属于夏天的生长。

我们造了一个带有泥土芬芳的家园，这里深藏着我们最初的梦。

在深草中，在植物的平静里，我们倾听时间的流动，注视云朵的休憩。

天空明亮，夏天盛大，一切都在那里。

《麦子不一定是麦子》

北京花植节邀请展

背景：2020年北京花植设计节展览作品

这一年的花植节，我们是所有设计师中唯一一家带着赞助去的，我们结合了万科·抚仙湖项目特性，制作了这样一组人与自然融合的作品。

2020年9月，受邀去北京参加了第五届北京国际花植设计节，我们的作品和麦子有关，和自然有关。

在我们布展的第二天，现场来了一位阿姨，她看到这片麦子非常激动，说在她小的时候，随父母一起在青海，他们都是农林科技工作者，每年都会将高原种植成功的小麦就以这样打捆的方式送到北京，送到北京农展馆。

她这一次并不是特意来看我们这个展的，而是到北京来看看小时候爸爸妈妈种出来的麦子送到的目的地。

当她看到眼前的麦子，思绪一下子回到了年少。

跟我们讲这些故事的时候，阿姨眼睛里是闪着泪花的，然后我们抱着麦子，在北京秋天特别温暖的阳光下面，留下了这张照片。

那一刻，我突然发现这个展比我想象中的更有意义。

在此次的北京花植节上，我有幸受邀作为演讲嘉宾上台分享，我提到了一个理念：“好的作品应该是有温度的，”这也是我们一直以来坚持的设计理念。

这次的北京设计节作品，我们用了10万支麦子和5万片树叶打造了这样一个自然空间。

从作品周围的大树开始就被我们融入了整体的设计，树叶从枝头掉落，慢慢从绿变黄，落进土地变成养分滋养麦田，麦子又反哺人类，如此生生不息。

作品名称：麦子不一定是麦子

出品：The Hours时时刻刻 × 万科抚仙湖国际度假小镇

在自然之中造房子，不是侵入和霸占，而应该是交融与敬畏。

在这个作品中，树叶就如同“房子”，生长在广袤的“麦田”之上。而叶子从翠绿到枯黄的变换，是四季的轮转，更是生命与自然的交替。

树叶不一定是树叶，是更迭，是延续，是生长，是生命；

麦子不一定是麦子，是沉淀，是成熟，是思考，是守望。

在那次展览上，作品周围总是聚集着很多人，他们会摸摸麦子，说：

这是真的吗?

麦子好香呀!

麦子的颜色原来这么好看!

在现场，我们把麦子打成一小簇一小簇的，发放给来观展的各位朋友，我就看到很多人都会很开心地把麦子别在胸前，或者小心翼翼地放在包包里。

突然发现，在城市中生活久了的我们，已经开始慢慢遗忘或者是选择性地遗忘一些东西。

《人间草木》
空间花植静态展

项目背景：这是为俊发在云南最高端的一个别墅项目样板房开放制作的一个空间花植静态展。展陈空间其实是别墅同期开放参观的毛坯房，项目方觉得纯毛坯的房子艺术性有些欠缺，不能吸引住前来参观的客人驻足，于是就委托我们在其中设计制作一个展览。

这个空间从入户到后门被分割成了几个相对独立的小空间，其实也就是整体房屋的不同房间，于是我们延续“春夏秋冬”的概念，设置了参观动线，带领空间装置课程的学生们一起，完成了这个移步异景的空间展，也让同学们感受了商业项目的施工过程。

设计思路

细草微风转度四时，荒野四下抽着发绿的细芽，成簇耀眼盛开。

从神农所在的那个春秋，直到千万年以后，大自然都在用它自己的节奏绽放。

一年一回新，风还在吹，草还在结它的种子。

在这个空间中，我们用花草植物以及丰富的材料营造了一个丰盈的四季，希望当你置身其中的时候，能够感受到最切实的生活轨迹。

人活着，需要找到一条与大世界相通的路径，如果我们都闭上眼睛，捂住耳朵，屏住呼吸，使全身僵硬，不去触摸世界，那故事就无法开始。

春：序曲

走过新芽繁茂的孤荒大地，不论信或不信，早春的第一枝杜鹃已经绽放。

每一朵花开都是重逢，春天的场景中，运用镜面加植物的元素，营造出一个春日原野，

在万物逐渐丰盈间，为生活的四季拉开一幕序曲。

夏：协奏曲

夏天，是水草丰茂的生命力，是鲁迅先生的百草园，是最美好记忆的实在落点。

这个世界繁生茂长，数百千万以上的族类，生着蒴果、小花、苞片、托叶，上帝最后倾倒泼洒下来的绿意，落草为荒，倒成了间歇随想的潺缓情质。

夏天，散落天际的彩虹，长出花草的家具，就是我们对“诗意栖居”的最好诠释。

秋：交响曲

秋天，世界都是金黄色的。

秋天是沉淀，是成熟，是思考，是守望。

我们用秋天的落叶和麦秆，做出一个可以穿梭其中的美妙空间。

你闭上眼睛仔细听，虫鸣与落叶的沙沙声，共同完成了秋日里的一首交响曲。

冬：尾声

许多许多起风的日子，我看着空气中许多许多带有白毫的种籽乱飞。

不同的季节不同的飞羽，十一月芒絮，十二月、一月青枫，三、四月爬森藤、大锦兰、山芙蓉，秋后木棉，还有四时不断的菊科植物。

白色是植物飞絮，是雪，是雾，是最干净的思念和最安静的沉思，是心底升腾而起的对大自然的敬畏。

《星芒》艺术装置

2020年的圣诞前夕，The Hours时时刻刻花植设计团队受昆明1903商业中心邀请制作一个圣诞装置，最终我们用300根竹子和2000根竹片，完成了一个超大型的圣诞互动设计，包括一个6米高，底边直径4米的圣诞树，以及一个11米长的梦幻通道。

整个项目的总体费用为15万多，而当时圣诞期间我们同时还在为4～5个客户进行圣诞展陈的设计制作，所以这个项目我们团队只派出了李盈云老师一个人，加上6个工人，现场施工2天时间全部搞定。优秀的设计和强大的施工能力，在任何时候都是“加分项”。

设计理念

1903作为地标式艺术商业综合体，一直是昆明生活方式的引领者。所以在本次的圣诞装置设计中，设计团队完全摒弃了传统的特装搭建方式，运用“草月流”的手法和擅长的架构技巧，用竹子这一自然材料进行整体构造。

飞扬的竹片环抱梦幻的星云飞上天空，完成了我们对圣诞节最浪漫的幻想，同时也是我们将艺术与商业融合的一次尝试。

拍宣传照的那天装置刚刚落成，就已经有很多人前来拍照，孩子仰起头看着满天的“星星“出神，情侣在圣诞树下面亲吻；一个刚刚送完餐的快递小哥站在梦幻通道前面，认真地看了一会儿，拿出手机拍下照片……

我想，如果一个装置的出现，能够让这个城市变得温暖一些，那才是真的意义所在吧。

Merry

《星芒》

在每个轻得透明的好天气里，
都会有位陌生的客人来访。
比如锁门时突然想起某个日期，
什么人挟着伞站在湖边，
听见泥土松动的声音，
伞就从身上滑落。

四四方方的云团涌进衣领。
彩色的鱼群游回天空，
继续一场看不见玻璃窗的梦。

梦中，
长久的大雪已经在天亮前，
干干净净地停了下来。

我突然爱上生命，
因为好看的风景，
和街道上飘来好闻的味道。

空间装置作品：用作品完成情感表达

《山叠》

这是为一个画展开幕设计的艺术装置，
彩色的山峦层层叠叠，
与油画的色彩相呼应。

《山海花园》

灵感来源于莫奈笔下的花园，以及其代表作《日出印象》

采用镜像的设计手法，结合地形设计的思路，用木材将画作进行解构和重构。

一个多雾的早晨，远处升腾起一座座如海市蜃楼的空中花园，它每时每刻随着太阳光而变化着，像真实，又像是幻镜。

花植静态空间展
《色彩 · 印象》

我们从莫奈的画作中汲取灵感，将色彩幻化为花草的雾状轮廓，在整个空间中营造出移步异景，犹如穿梭画中的沉浸式感受。

设计理念

整个展览中作品的灵感来自于法国画家莫奈。

莫奈一生都是印象派理论和实践的推广者，他擅长光与影的实验与表现技法，在莫奈的画作中看不到非常明确的阴影，也看不到突显或平涂式的轮廓线。

光影快闪，色彩剧变，忽而悲伤，忽而绚烂；波峰波谷，迸溅炎凉冷暖；模糊朦胧，方为多彩人间。

《满船清梦压星河》

这是为一个精品酒店做的装置设计，用了1000支蒲公英，打造出一个清醒又飘渺的梦。

《白日梦》

春天，坐在太阳下发呆
闻着阳光的味道
做了一场被花木环绕的
安静美好的
白日梦

纯白是柔软的龙卷风，这是在设计之初想到的唯一一句话。

100扎满天星打造的纯白世界，足以让所有人安静下来，一起用十分钟，做一场阳光下的白日梦吧。

《风》静态装置

这是一个售楼中心的静态陈列装置，一半在室内，一半在室外的水池上。

像是一阵风，穿过玻璃和门窗，带来满屋的花开和希望，加上腾空而起的水汽，如同仙境。

《竹子圣诞树》

窗外纯白的柳絮，

叩开了窗。

穿过圣诞树的光影，

飘落到壁炉上的袜子里。

告诉你，

圣诞节到了，

准备好愿望了吗？

《爱丽丝花园》

在昨天的梦境里

我没有变成龙舌兰，也没有成为紫藤花

我还是爱丽丝

可爱的 勇敢的爱丽丝

《雨林》

垂吊的竹子，悬挂的叶片；地上的苔藓，河边的植物，是生命最初的样子。

不经意地闯入了这片雨林，参天大树高耸不见其端，绿叶般的新意盎然升起。

所有的一切都被绿色淹没了。

《告别夏天》

从夏入秋，只隔了一场雨的距离，
荷叶的干枯与鲜活是夏与秋的过渡，
水烛叶和拉菲草是这一切的见证者。

【新·年】装置艺术

植物元素和自然材料，也是时时刻刻设计师常用的元素之一，呈现出的浑然天成的层次感，是任何人工材料所不能替代的。

在新年装置中，把花艺设计融入新中式风格之中，构造了被红色包围的新年，热闹红火。

愿新的一年平安顺遂，万事胜意，年岁富余。

《魔幻圣诞森林》

圣诞节是个奇妙的日子，数不清的奇遇在这一天发生。

因为可以和相爱的人一起吃一顿特别的饭；

因为白白的雪花里裹着冬天的来信；

因为灯光和人群都变得特别美。

这个浪漫的节日需要一些浪漫的设计，于是我们用100扎红瑞木搭建起一个圣诞魔幻森林，倒置和直立的圣诞树是对方的影子，就像此刻陪伴你在身边的人。

《摘星夜》

我曾想过，

徒手摘下星空的钻石；

我曾想过，

用笔盒里五彩的颜料

给漆黑的天空染上色彩；

最后，

我都是从梵高的画中醒来。

《彩虹隧道》

这是一个商城的新年装置，在颜色渐变的基础上，还做了彩色灯带的补充，在流光溢彩之中，静候新年的到来。

玖

一个与
自己　对话
的空间

每一朵花开都是重逢

经常有朋友问我说，现在经营花店也这么辛苦，辞去以前相对稳定的工作，你觉得值得吗？

我说，现在的状态我会感觉到真实。

花和植物是会回报你的，你只要用心对待，就能看到花开，闻到花香，听见枝叶生长。

一株植物知道什么时候应该发芽，什么时候应该开花，什么时候应该结果。

一株植物明白的事情，我们未必明白。

世界上只有一种英雄主义，那就是认清了生活的真相之后依然热爱生活。

我并不想主张大家逃离，什么辞职吧去西藏；什么世界那么大你要去看看；什么生活不止眼前的苟且，还有诗和远方……都是伪命题。

我们希望大家能够发现身边的美，享受身边的美。

每个人都需要一个与自己对话的空间，而花草无疑是最好的媒介，“The Hours时时刻刻”的存在意义便是如此。

28～31岁的生日碎碎念

2017年的3月30日，是我的28岁生日，我也是在这一天正式签下了第一家店面的房屋合同，算是我创业的开端，自此在每年的生日这天，我都会写下一篇像是独白的碎碎念。

现在回看下来，也代表了创业不同时期的心路历程吧。

从记者到花房姑娘，这是一个艰难的转变

提起对花店的执念，要从小时候说起。当时妈妈是漯河第一批也是最好的花艺人之一，我们那儿大的商店开业或者是领导长辈过生日什么的，都会找妈妈订花。我就在她的小小花店里长大。

妈妈也会在清晨的时候带我去家门口的河堤，随手就能摘下大把的野花，回家插在一个玻璃瓶里。

时光可以让生活面目全非，也可以让一些情愫更加清晰。

记得有一年秋天，我做完采访打车回单位，路过大观河的时候发现河边的树叶全都换上了金黄色，和昆明的蓝天映衬着，特别美。我就那么楞楞地看着，原来已经秋天了。

我错过了一整个春和夏。

我发现身边很多人和我一样，每天匆匆忙忙的，忙着工作和生活，反而忽略掉了最简单的美好。

理想中的花房，要住着四季的轮转。

住在花间，春天被花香叫醒，鸟儿就在枝头蹲着；夏天的晚上，我们点一盏夜灯，就着月色喝一杯荷花酒；待到桂花飘香，折一枝插在瓶里，就有了一整屋的秋天；昆明的冬天有最蓝的天，还有冬樱花开得无穷无尽……

记得之前看过一句话，“我害怕找不到一个我喜欢的方式度过余生”，很庆幸，我选择了与花相伴。

好啦，最后告诉大家一个小秘密，今天是我28岁的生日，许个愿，希望今年我的花店能够顺利落地，和大家看花喝酒聊故事。

每一朵花开都是重逢，我们和春天相互问好，请多多关照。

现在回头看看2017年的文章，那个时候的自己呀，刚刚辞去了7年的媒体工作，真是一个对未来充满希望和对创业充满干劲儿的小姑娘，言辞间都是对即将到来新生活的憧憬。

30岁，我终于接受了一个平庸的自己

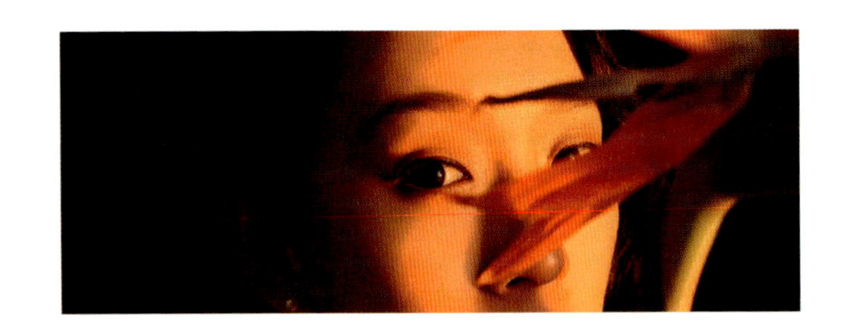

今天是2019年3月30日，我的生日，30岁。

对于神经大条的大白羊而言，好像对于30岁这个数字并没有特别的感受，像往常的任何一个生日，甚至是任何一天一样。

其实在刚过了20岁的那几年里，每一个生日都会幻想自己30岁是什么样子。

那会儿还刚刚毕业，刚刚走入了一个自己喜欢的行业和单位开始社会生涯。想象的30岁应该是一个老到的厉害女记者，和各个大佬谈笑风生，铁肩担道义，妙手著文章；或者是一个活得很明白的艳丽小姐姐，独立、自我，人见人爱又人见人怕。

但唯一没有想到的是，30岁，其实和20岁并没有什么两样。

喜欢吃甜食，喜欢看话剧，和20岁就觉得很好看的学长结了婚，但也依然保留喜欢看好看小哥哥的习惯。

爱管闲事，爱幻想，间歇性自律。

抱负远大，充满干劲儿。

工作狂，爱好成为文艺女青年。

站在30岁的当口回头看看，这10年一路走来恍若一瞬，而我也在心底里接受了这个平庸的自己。

但值得庆幸的是，并没有迷失。

前几天石家庄的学员球球发来了她们店面的图片给我，当看着手机上图片缓存结束那一抹浅浅的薄荷绿摊开的时候，还是忍不住在心里偷偷乐了一下。

球球是我们去年4月份的专业课学员，来上课之前就已经开了一家工作室，回去后进行了产品调整。

去年年底她准备从工作室转为复合型花店，并且加盟了The Hours 时时刻刻 品牌。

找店面、设计、装修，于是，我们的全国第一家加盟店落地了河北石家庄。

另外，西藏的小雨和江苏的柚子两位姑娘的“The Hours时时刻刻”花店也正在筹备之中，都将在4月份与大家见面。

想想生活对我也还算不错，小事业稳步前行，也让代表云南的品牌在全国落地生根。

而在昆明我们的大本营，也将有一个600㎡的花园空间呈现，30岁的过度也算轰轰烈烈。

30岁，面对自己，不急不躁，面对未来，不卑不亢。

30岁，我祝自己生日快乐。

写给31岁仍然在创业路上努力奔跑的自己：且听风吟

今天是2020年3月30日，我31岁了。

日子推着日子一股脑地不断向前，还没做好准备，就在30+的路上一直狂奔了。

最近在重读村上春树的《且听风吟》，一部青春的夏日呓语，更像是一份疏离又自省的年少回忆。

人的心态会随着年龄发生什么变化吗?

到今天我不得不承认，是的。

现在的31岁，我更多的是想和自己和解吧。

今早刚好看到新周刊推送余世存的采访录，看了之后感触颇多。

余世存在书写二十四节气的作品《时间之书》中，有这样一句话：“如果诚实地面对自己，我们应该承认，自己跟天地自然隔绝了，当代人被社会、技术事物所裹挟，对生物世界、天时地利等失去了感觉，几乎无知于道法自然的本质……”

人类与土地是拥有血肉黏性的，人与天地间

需互相印证。中国传统文化的主体是农耕文化，祖先们往往会跟随天地的节奏来生活，比如春、夏、秋、冬，人人都知道它们分别意味着生、长、收、藏。

春天要学习“生”，到户外去，不断吸收世界的营养；夏天要学习“长”，注意边界、秩序，要有责任感；秋天学习“收”，不是吃相难看地收割，独食不能食，农民收庄稼，不会捡拾掉在地上的粮食，会留给困难的人或者飞禽走兽；到了冬天，要学会“藏”，低调、喘息、返璞归真。

再细化到节气中，“雨水”提醒我们要做好一年的规划；“惊蛰”是要告诉我们，别再装睡了，要投入生活，去听听世界的声音。

“但遗憾的是，人类现在就像上了发条的机器，不停地运动、扩张，已不再用身体为尺度去探索生命的意义，也很少从自然的维度来照顾自己的身体。”

今年翻过年来开始，不知道是受疫情影响，还是年纪使然，我的内心也在发生着一些细微的变化。以前的我更像是一个拼命向前奔跑的人，不管不顾，生怕慢一点就被时间落在了身后。

可是，我们活着原本不就是要跟在时间之后慢慢感受时光荏苒的吗？

2月里的一场春雨过后，店门口整片的垂丝海棠一夜之前全开了，风吹过的时候，花瓣会一阵阵地落，坐在夕阳下看她们，像是在梦里。

3月初，花店隔壁邻居家还没开始装修的外墙上，蔷薇酝酿了一个冬天，不管有没有人欣赏，自顾自地开满了一整面墙。

3月底，摘下我们院子里桑葚树上第一粒率先成熟的果子放进嘴里，浓郁的果香里带着微酸。

现在的我，每天我最放松的时候就是干完了当日的既定工作，在院子里头溜达，鲁冰花结了豆荚，绣球一点点长了叶子打起花苞，三角梅和爬藤月季会在春天窜得老高，枫树的叶子一天一个样子的变大。

我就想这样沉醉其中。

趁着海棠花还在开着的时候，去留了张照，相比于刚创业的时候，脸上的法令纹肉眼可见的深了好多。

但这就是岁月该有的模样，也很美，不是吗？

今年遇到了一个异常艰难的开年，之后的情形可能也并不会好到哪里。

社会病了，就像人生病了一样，更多的需要回归本真。

刚好也借机提醒自己，在前进的路上，有时候可以适当地退一步，才更知道前进的价值，知道真正有意义的生活是什么样子。

所以，和我一样在人生旅途中昼夜兼程疲于奔命的人儿啊，不要忘了适当地停下来，且听风吟。

最后给大家送上高中时候听的朴树《且听风吟》歌词，当时也是因为这首歌才开始读的村上春树，现在再听起来真有点像回忆的呓语。

也借这首歌，祝自己生日快乐！

“突然落下的夜晚
灯火已隔世般阑珊
昨天已经去得很远
我的窗前已模糊一片
大风声 像没发生 太多的记忆
又怎样放开我的手
怕你说 那些被风吹起的日子
在深夜收紧我的心
日子快消失了一半
那些梦又怎能做完
你还在拼命的追赶
这条路究竟是要去哪儿
大风声 像没发生 太多的记忆
又怎样放开我的手
怕你说 那些被风吹起的日子
在深夜收紧我的心 咿呀
时光真疯狂
我一路执迷与匆忙
依稀悲伤
来不及遗忘
只有待风将她埋葬
待风将她埋葬
待风将她埋葬
我们曾在路上
待风将她埋葬”

创业的意义感

在现在的这个空间里，我更多的想要做一些有生活“意义感”的事情，比如会根据不同的季节更换店内的布景，让所有来店的客人都能感受到季节变换；比如每个月都会设定一个当月的大主题，有艺术月，有生活月，有家庭月，举行与之相关的活动，我希望时时刻刻在这个城市里完成从一家花店到城市美学空间的转变。

回望创业这三年多的路程，有爱人，有伙伴，有可爱的猫猫狗狗和超级漂亮的店，已经知足。

创业是一场修行

在本地，我是经常被作为一个创业者典范被采访的，我总会说这么一句话，创业是一条只有开始没有结束的道路，这条路是黑的，像漫漫长夜一样，但你要告诉自己，在前面的某一个地方，一定有光亮在等着你。

所以我觉得每一位创业者都非常了不起，因为这并不是一条一定需要走的路，而是我们为了完成内心的某种追求而选择了这条道路。

在这本书里，我讲了很多营销的内容，但是希望大家千万不要丢弃自己的初衷。

高晓松在《晓说》的最后一季最后的时间里说：创作是上天带给我们的礼物。他说“食色性也”，吃到好吃的东西我们会开心，看到美女看到帅哥我们会开心，但是这个是本性，它不能叫做恩赐。

但是创作是可以带给我们纯粹的快乐的。

读到这本书的每一位选择以花艺作为创业项目，或者想要开始的朋友，我们很幸运，我们在做的是有创造性的事业，我们可以用自己的爱好去养活自己，运气好的话还能赚到钱，这就够了。

最后，我想致敬每一位认真生活的朋友，每一位心怀梦想的朋友，每一位不肯服输的朋友，愿我们除了当下，都能够拥有内心的星辰和大海。

我先生陈阳，以及我们时时刻刻花艺培训板块的负责人李盈云，我们三个在工作上形成了非常好的互补

时时刻刻 2021 年的 10 人团队

项目采购统计表

序号	大项	小项	金额	备注
1	主材采购	花材		
2		植物		
3	辅材采购	钢架定制		
4		辅材采购		
5		工具采购		
6	道具租赁			
7	人工	花艺师		
8		剪刀手		
9		项目执行		
10		工人		
11		兼职		
12	车费	入场车费		
13		撤场车费		
14		人员车费		
15				
16				
17	餐食	餐费		
18		水		
19	其余支出			

时时刻刻内部工作制度

考勤制度

（1）每天上班时间为早上9点到下午6点，中午有一个小时午休及吃饭时间。
（2）每天上下班需要在钉钉软件内进行打卡，若有加班，则需要在软件内注明加班事由。
（3）员工漏打卡需填写《漏打卡情况说明》，主管签字确认后交由店长管理；员工每月允许有3次漏打卡，超过3次以上的，在填写情况说明的基础上，按10元/次处罚。
（4）早上迟到10分钟之内不计入考勤，迟到10分钟以上，按每10元/小时进行处罚，迟到2小时以上按当日旷工处理。（5）晚上加班每小时加班费10元；加班6小时以上（暨00:00之后）按通班计算，加班费80元。
（6）每人每个月有4天休息时间，可以自由调配，如需连休，则需要提前报备。
（7）每月4天休息之外如需请假，需要至少提前一天报备，不接受临时请假，否则按旷工处理，扣除3日工资。
（8）每周轮休和请假都需要在钉钉软件内部发起申请，方便每月考勤管理。

每日工作总结及计划制度

（1）每日订单安排
每天下班前，客服将各个手机账号上的第二天订单汇总给店长，由店长进行整理及第二天制作安排分配。
（2）每日交班小结
每天下班后，每位同事自己对当天的工作进行小结，包含以下几个方面：
a、工作完成情况列表；
b、工作完成过程中是否有遇到的问题或者需要改进的工作做法；
c、是否有需要同事配合完成的工作内容；
d、哪些工作是当日既定任务但是没有完成，为什么；
e、未完成工作的大概时间节点预估。
（3）每日工作计划
每位同事前一天下班前对自己第二天的工作进行规划和安排。
之后每天的工作由每位同事自己先行安排，在各个时间节点上再由结果导向进行考核和总结。

花艺师订单规范

制作时间

花束

大花束（300元-500元以上）	选材、包装到拍照送出60分钟
中花束（188元-280元）	选材、包装到拍照送出45分钟
小花束（68元-168元）	选材、包装到拍照送出30分钟

花篮

金架子开业花篮	选材、包装到拍照送出60分钟
木架子开业花篮	选材、包装到拍照送出60分钟
大号手提花篮（360元-500元以上）	选材、包装到拍照送出45分钟
中号手提花篮（200元-300元）	选材、包装到拍照送出30钟

订单要求

规格要求：大小达到标准、色系正确、出品质量统一、花材新鲜饱满。
搭配物品：1套保养手册（1个信封、1个卡片、1包保鲜剂、1张保养手册），卡片需要按客人要求写好内容，没有卡片内容的不需要给空卡片。
每个订单需要加玻璃纸、二维码标牌、logo贴纸（除了包月花和特定花束）
拍照要求：
每个订单做好后需要先拍照，拍完照片后先筛选一遍照片后交给客服修图。
每个订单2—4张照片即可（2张不同角度正面、2张细节），特殊花束和打样花束除外。
配送要求：
（1）订单由制作或叫快递的同事负责配送，订单送出后需要跟客服对接，由客服和客人跟进。
（2）负责订单配送的同事需要跟快递师傅交代好以下内容：地址、卡片、联系人姓名、联系电话和配送注意事项。
（3）负责订单配送的同事需要跟快递师傅一起把花放到车上，做最后确认，保证订单没有损坏。

项目执行工具表

类别	名称	规格	数量	备注
剪刀类	花艺剪刀			
	枝剪			
	丝带剪刀			
钳子类	尖嘴钳			
	斜口钳			
	普通平口钳			
刀类	花刀			
	美工刀			
	花泥刀			
胶带类	宽胶带			
	细胶带			
	花艺绿胶带			
	双面胶带			
胶水类	鲜花冷胶			
	喷胶			
花泥类	普通方块花泥			
	花泥串			
	花泥球			
	麦克风花泥			
	香肠花泥串			
	花泥板			
	圆环花泥盘（带花泥）			
	长方形花泥盘（带花泥，婚车）			
铁丝类	纸包花艺铁丝			
	绿铁丝(20号)			
	绿铁丝(22号)			
	兰花铁丝			
	木轴铁丝			
	铝丝			
	铜丝			

类别	名称	规格	数量	备注
绳索类	麻绳（细）			
	麂皮绳（粉）			
	麂皮绳（蓝）			
	麂皮绳（棕）			
	扎带			
	气球丝带			
花器类	方形花泥盘			
花器类	圆形花泥盘			
	古典高脚杯花瓮（细高）			
	古典高脚杯花瓮（矮粗）			
	复古大肚花瓮（大号）			
	复古大肚花瓮（中号）			
	烛台（单头）			
	烛台（三头）			
其余工具	鸡笼网（银色）			
	鸡笼网（绿色）			
	月牙拱门（银色）			
	金架子（大号）			
	金架子（中号）			
	金架子（小号）			
	金架子（迷你号）			
	金架子（六边形）			
	金架子（半圆弧）			
	配重			
	锯子			
	锤子			
	铁钉			
	平板车			
	梯子			

项目沟通确认单

项目制作内容

主题颜色	禁忌颜色

执行注意要点

入场时间	交场时间
物料入场通道	制作场地是否有特殊要求
现场接水点确认	现场电源位置确认
是否需要夜间作业	夜间光源确认
是否需要撤场	撤场时间
入场车辆安排情况	撤场车辆安排情况
是否需要剪刀手师傅	剪刀手联系方式
是否需要执行	执行联系方式
是否需要工人	工人联系方式
甲方负责人联系方式	我方负责人联系方式

自身SWOT分析

Opportunity机会	Threat威胁
Strength强项:	Weakness弱项:

图书在版编目（CIP）数据

就这样开家浪漫花植店 / 黎媛著. -- 北京：
中国林业出版社, 2021.7

ISBN 978-7-5219-1217-3

Ⅰ. ①就… Ⅱ. ①黎… Ⅲ. ①花卉—专业商店—商业
经营 Ⅳ. ①F717.5

中国版本图书馆CIP数据核字(2021)第115446号

策划编辑：印　芳
出版发行：中国林业出版社
（100009 北京西城区刘海胡同 7 号）
http://www.forestry.gov.cn/lycb.html
电　　话：010-83143565
印　　刷：河北京平诚乾印刷有限公司
版　　次：2021 年 8 月第 1 版
印　　次：2021 年 8 月第 1 次
开　　本：710mm × 1000mm 1/16
印　　张：12
字　　数：377 千字
定　　价：68.00 元

就这样 开家
浪漫
花植店